本书得到湖北省人文社科重点研究基地食品安全研究中心的资助

品牌真实性
对绿色建材品牌推崇的影响研究

李娟 著

黑龙江科学技术出版社
HEILONGJIANG SCIENCE AND TECHNOLOGY PRESS

图书在版编目（CIP）数据

品牌真实性对绿色建材品牌推崇的影响研究 / 李娟
著 . -- 哈尔滨 : 黑龙江科学技术出版社 , 2024. 10.
ISBN 978-7-5719-2651-9

Ⅰ . TU5

中国国家版本馆 CIP 数据核字第 2024MV9491 号

品牌真实性对绿色建材品牌推崇的影响研究

PINPAI ZHENSHIXING DUI LÜSE JIANCAI PINPAI TUICHONG DE YINGXIANG YANJIU

李 娟 著

策划编辑	王　姝	
责任编辑	陈元长	
封面设计	张顺霞	
出　　版	黑龙江科学技术出版社	
	地址：哈尔滨市南岗区公安街 70-2 号　邮编：150007	
	电话：（0451）53642106　传真：（0451）53642143	
	网址：www.lkcbs.cn	
发　　行	全国新华书店	
印　　刷	哈尔滨午阳印刷有限公司	
开　　本	787mm×1092mm　1/16	
印　　张	13.75	
字　　数	200 千字	
版　　次	2024 年 10 月第 1 版	
印　　次	2024 年 10 月第 1 次印刷	
书　　号	ISBN　978-7-5719-2651-9	
定　　价	68.00 元	

品牌推崇是促进品牌与消费者良性互动、实现品牌价值共创的重要心理和行为基础。随着市场环境的不断完善和社交媒体的深入发展，品牌推崇将对品牌形象的提升和市场核心能力的培育发挥愈加重要的作用，而相关的理论研究和实践探索是有着深远的理论和实际意义的课题。本书以品牌真实性问题为切入点，对品牌真实性如何影响良好的绿色建材品牌推崇机制和氛围的形成进行了系统深入的研究。

本书依据线索理论、怀疑理论、认知—情感—行为理论和精细加工理论，构建了品牌真实性对绿色建材品牌推崇的整合模型，提出了相关研究假设。结合绿色建材产品的特点和绿色建材品牌的消费特点及现状，以绿色地板为实证案例，运用扎根理论提炼了绿色建材品牌推崇的结构维度及语义量表；基于问卷调研所获得的数据，采用结构方程模型、PROCESS 分析及单因素方程检验等方法检验了品牌真实性对绿色建材品牌推崇的理论假设；运用 BP 神经网络研究品牌真实性各维度对绿色建材品牌推崇的影响权重，识别出品牌真实性影响绿色建材品牌推崇的关键维度。具体内容如下：

第一，品牌真实性由绿色属性、一般属性、品牌传承、品牌真诚和品牌象征五个维度组成。绿色建材品牌推崇有两个主维度：信念性绿色建材品牌推崇和行为性绿色建材品牌推崇。前者包括品牌建材属性和绿色建材属性两个子维度，后者包括购买意向、口碑宣传和竞争品牌抵制三个子维度。

第二，绿色透明化正向影响品牌真实性。绿色透明化对绿色属性、一般属性、品牌传承、品牌真诚和品牌象征等子维度均具有显著正向影响。绿色怀疑对品牌真实性及其子维度绿色属性和品牌真诚具有显著负向影响，对一般属性、品牌传承和品牌象征的负向影响不显著。

第三，品牌真实性会通过自我—品牌联结的中介作用，对绿色建材品牌推崇产生间接的积极影响。认知需要能调节自我—品牌联结在品牌真实性与绿色建材品牌推崇关系间的中介作用，表现为被调节的中介作用模式，即认知需要水平越高，品牌真实性通过自我—品牌联结对绿色建材品牌推崇的间接影响越强。

第四，品牌真实性对绿色建材品牌推崇具有显著正向影响。值得注意的是，品牌真实性各维度对绿色建材品牌推崇的影响强度不同，影响强度大小依次为绿色属性、品牌传承、品牌真诚、一般属性和品牌象征。绿色属性是品牌真实性对绿色建材品牌推崇影响最大的维度，建材企业在与消费者进行品牌沟通时需特别重视绿色建材品牌绿色属性的真实性。

绿色建材是一种品类比较特殊的产品，本书的理论和实践贡献：从品牌真实性的视角研究其对绿色建材这一特殊产品品牌推崇的影响因素和机理，丰富了品牌推崇的研究内容；界定了绿色建材品牌真实性和绿色建材品牌推崇的内涵，明确了绿色建材品牌真实性和绿色建材品牌推崇的构成维度；构建了品牌真实性对绿色建材品牌推崇的影响模型，揭示了绿色怀疑、绿色透明化、自我—品牌联结和认知需要在品牌真实性对绿色建材品牌推崇影响机理中的作用；运用神经网络构建了品牌真实性对绿色建材品牌推崇的仿真模型，识别了品牌真实性影响绿色建材品牌推崇的关键维度。

目　录

第一章 绪论

一、研究目的及意义

（一）研究背景与目的

大范围雾霾天气倒逼建材工业提质增效和建材企业转型创新；室内装修污染现象严重影响着人民群众的身心健康，逐渐改变着人们的消费行为。2016年，中华人民共和国工业和信息化部印发了《建材工业发展规划（2016—2020年）》（工信部规〔2016〕315号），要求建筑材料向绿色化发展，促进建材工业向绿色功能产业转变[1]。2019年，中国建筑材料联合会提出了水泥和平板玻璃的研发成果，推动传统建材工业跃进现代化生产阶段，但也指出要推动建材行业化解过剩产能，增加建材产品的有效供给[2]。随着绿色消费的兴起和消费者对建材品质的日渐重视，绿色建材的优势愈加凸显，建材的绿色属性已成为消费者评价建材品质的核心准则。因此，传统建材向绿色建材转型，为建材行业的发展提供了一条清晰的路径，绿色建材成为建材企业转型的支点。

建材产品和建材消费行为具有特殊性。建材属于原料性产品，具有生产资料和消费品的双重属性，需经过测量、设计和安装等中间环节才能成为直接消费品，其消费行为呈现出定额采购数量少、单次购买价值高、重复购买频次低、消费习惯不稳定、日常关注度低等特征[3]。因此，消费者非常重视建材的使用年限、安全舒适、绿色环保与整体的装修效果，谨慎购买和计划消费意识较强。随着购买能力和节能环保意识的逐渐增强，消费者对绿色建材品牌的需求也逐渐增大。绿色建材品牌是具有耐用持久、性能稳定、舒适安全和节能减排等绿色属性的建材品牌，既是建材企业转型之需，也是消费者理性之选。受建材产品知识的制约，如何选择绿色建材成为消费者面临的一个难题。

品牌推崇是指消费者通过愉悦的品牌消费经历，主动沟通交流、分享推荐和劝导消费的品牌行为。从某种意义上讲，品牌推崇者是品牌传播的自媒体、品牌意见领袖、品牌市场卫士。品牌推崇是促进品牌与消费者良性互动、实现品牌价值共创重要的心理和行为基础。随着市场环境的不断完善和社交媒体的深入发展，品牌推崇将对消费者的品牌选择和企业核心能力的培育发挥愈加重要的作用。

绿色建材品牌推崇是指消费者高度评价绿色建材品牌，高度热情地自愿宣传和推荐绿色建材品牌。在某种程度上，消费者是在为绿色建材品牌"背书"，为推荐对象降低信息不对称时的绿色建材消费决策成本。绿色建材品牌推崇成为消费者选择绿色建材时非常信赖的信息来源，绿色建材产品的特殊性也决定了其特别适合建材企业采取品牌推崇策略引导消费者的品牌决策。

建材企业希望通过绿色建材品牌推崇来提升建材企业形象和市场竞争力，但部分建材企业采取虚假宣传、含糊其词、偷换概念和以次充好等"漂绿"（green wash）方式，严重扰乱了绿色建材市场的秩序，破坏了绿色建材消费生态。另外，建材质量的隐蔽性和绿色属性的模糊性也一直困扰着消费者。部分消费者认为绿色建材品牌是一种"营销噱头"，严重质疑其品牌真实性，对品牌的信任和推崇热情也逐渐减弱。因此，从品牌真实性的视角研究其对绿色建材品牌推崇的影响是一个有着深远理论和实际意义的课题。

本书的研究目的：①解构绿色建材的品牌真实性和绿色建材品牌推崇的内涵及构成，弄清楚"什么是"绿色建材的品牌真实性和绿色建材品牌推崇；②探讨品牌真实性对绿色建材品牌推崇的影响机理，分析品牌真实性"如何影响"绿色建材品牌推崇；③挖掘品牌真实性各维度对绿色建材品牌推崇的影响强度，识别出哪些品牌真实性"更能影响"绿色建材品牌推崇，分析影响绿色建材品牌推崇的关键因素。

（二）研究意义

虽然目前已有学者意识到了绿色品牌真实性的重要性，但未形成系统的研究理论体系和可操作的营销指导。探讨品牌真实性对绿色建材品牌推崇的影响机理，有利于消费者与绿色建材品牌实现价值互惠与共创。针对目前绿色建材品牌的消费特点和现状，本书主要具有以下理论意义和实践意义。

1. 理论意义

首先，品牌真实性对绿色建材品牌推崇的影响机理研究是消费者—绿色品牌关系的有益补充。目前，关于品牌真实性研究的产品品类主要集中在老字号真实性、绿色化妆品真实性和绿色农产品真实性等品类上，较少关注绿色建材的真实性。本书以绿色建材这一特殊产品品牌为研究主体，扩展了品牌真实性的研究范围。已有的研究探讨了相关因素对绿色品牌信任、绿色品牌满意、绿色品牌忠诚等品牌关系结果的影响，但以绿色品牌推崇为结果变量的探索不多。本书以品牌真实性问题为切入点，对品牌真实性影响良好的绿色建材品牌推崇的路径和传导机制进行了系统、深入的研究，对促进消费者—绿色品牌关系理论的发展具有重要的理论意义。

其次，运用神经网络分析品牌真实性对绿色建材品牌推崇的影响模型为绿色建材品牌真实性研究提供了新的思路和方法。消费者难以全面思考和权衡品牌真实性的全部线索或信息，通常会依据一种或少数几种品牌真实性做出绿色建材品牌推崇决策。开展品牌真实性对绿色建材品牌推崇的影响研究，有必要识别出消费者在做出绿色建材品牌推崇决策时影响强度最大的一种或几种品牌真实性。考虑到绿色建材的品牌真实性和绿色建材品牌推崇都是涵盖多属性的潜变量，二者之间可能存在非线性的映射关系，故笔者选择了擅长处理非线性模型的神经网络分析绿色建材品牌真实性各维度对品牌推崇的影响度，了解哪些品牌真实性更能影响消费者的绿色建材品牌推崇行为，为定量模拟在绿色品牌关系管理中的应用提供参考和借鉴。

2. 实践意义

首先，选择绿色建材的品牌真实性作为切入点开展绿色建材品牌推崇的影响研究有助于绿色建材企业塑造绿色品牌形象。对于具有"节能环保""舒适安全"和"可持续发展"等特征的绿色建材品牌来说，由于"漂绿""以次充好""绿色标签众多"等现象的客观存在，消费者难以分辨"真假"建材。

因此，探讨品牌真实性的结构维度有助于识别哪些内外部线索会制约品牌真实性的"好评"，聚焦辨别品牌真实性的障碍，有针对性地向消费者传达真实的绿色建材品牌信息，彰显建材企业的真诚文化和绿色品牌内涵，为绿色建材企业树立良好的绿色品牌形象提供了条件。

其次，开展对绿色建材品牌推崇结构维度和相关影响因素的探索对建材企业培育市场核心能力具有重要作用，为制定有效的绿色建材品牌传播策略提供了重要参考。基于绿色建材的耐用品特质分析其消费特征和决策行为特点不难发现，以消费者为主体的绿色建材品牌推崇行为比以建材企业为主体的品牌宣传更容易被消费者认同和接受，绿色建材品牌推崇对建材企业建立差异化的竞争优势和培育市场核心能力具有重要作用。然而，绿色建材品牌的消费者众多，并不是所有消费者都会产生绿色建材品牌推崇行为，了解具有哪种人格特质的消费者会成为绿色建材品牌推崇者，有助于建材企业选择契合消费者认知图式的绿色建材品牌推广和传播策略，提高企业沟通的精准性和有效性。

二、研究内容与研究方法

（一）研究的主要内容

本书的研究主题是品牌真实性对绿色建材这一特殊产品品类的品牌推崇影响因素和机理。需要说明的是，本书中绿色建材的品牌真实性具有两个层面的含义：一是绿色建材的品牌具有良好的美誉度，是一种正向的品牌真实性，具有品牌价值；二是绿色建材的品牌具有绿色属性，是一种正向的绿色真实性，具有绿色价值。大多数工业品建材和民用品建材的购买与使用特性是相通的；少数工业品建材属于生产者或组织者市场，其购买行为具有专业性购买的特征，这类工业专用建材专业性强，购买流程复杂。因此，组织市场中的工业品建材不在本书的讨论范围内，本书讨论的主要是消费者市场的消费品建材的绿色消费行为。同时，绿色建材品牌推崇的主体是终端消费者，因此本书不讨论销售人员、设计人员和施工人员等中间人员的绿色建材品牌推崇行为。在此基础上，本书从品牌真实性的视角研究其对绿色建材品牌推崇的影响因素和机理。

本书共有八章，主要研究内容如下。

第一章，绪论。本章简要说明研究背景和研究视角，阐述研究目的和研究意义，阐释主要研究内容、研究方法及技术路线图。

第二章，文献综述及相关理论基础。本章界定了品牌真实性、绿色建材和绿色建材品牌推崇等相关概念，梳理了以上概念的相关研究动态，介绍了线索利用理论、怀疑理论、认知—情感—行为模型、精细加工可能性模型、扎根理论和神经网络等相关理论基础。

第三章，研究模型的构建。本章分别选取绿色建材的品牌真实性前置因素变量、品牌真实性对绿色建材品牌推崇作用路径的中间变量，提出品牌真实性对绿色建材品牌推崇影响研究的相关假设，并对相关研究假设进行汇总和说明。

第四章，绿色建材品牌推崇的结构及量表开发。本章依据扎根理论流程研究绿色建材品牌推崇的构成要素，提出绿色建材品牌推崇的初始语义量表；检验绿色建材品牌推崇量表的信度和效度，剔除不合适的语义项；对比分析绿色建材品牌推崇语义量表的竞争模型，确定绿色建材品牌推崇的语义量表。

第五章，研究变量的测量。本章依据国内外已有的相关研究成果生成品牌真实性对绿色建材品牌推崇的影响研究所涉及的全部初始量表，通过预调研剔除不合适的语义项，再通过正式调研优化或提炼语义项，得到正式语义量表。

第六章，研究假设的检验与分析。本章检验品牌真实性对绿色建材品牌推崇影响的相关假设，汇总和分析所有的研究结果。

第七章，基于 BP 神经网络的研究模型分析。本章分析 BP 神经网络用于品牌真实性对绿色建材品牌推崇影响研究的可行性，设计 BP 神经网络模型的结构并分析品牌真实性各维度对绿色建材品牌推崇的影响强度，测试所构建模型的稳定性和可靠性，分析和讨论研究结果。

第八章，结论与展望。本章依据品牌真实性和绿色建材品牌推崇的构成维度、品牌真实性与绿色建材品牌推崇的相关假设检验结果、品牌真实性各维度对绿色建材品牌推崇的影响强度得出相关研究结论，提炼研究的主要创新点，阐述研究存在的不足和进一步完善的思路。

（二）研究的主要方法

1. 文献研究法

本研究在收集大量文献资料的基础上，对国内外有关品牌真实性、绿色建材、绿色品牌及品牌推崇等的相关文献进行系统的梳理，在现有理论基础上提出概念模型。

2. 访谈调查法

绿色建材属于耐用型的环保产品，绿色建材消费行为容易受建材相关专业人员的影响，绿色建材品牌的购买决策行为比较复杂。为了增强量表和调查问卷的有效性，本研究对绿色建材购买者、绿色建材施工人员、绿色建材销售人员和绿色建材项目经理等访谈对象进行深度访谈，并采取焦点小组等方式来获取访谈对象的绿色建材消费经历、体验和行为方面的信息，以挖掘影响绿色建材品牌真实性的关键因子和绿色建材品牌推崇行为的关键因素。

3. 扎根理论法

本研究运用扎根理论法挖掘绿色建材品牌推崇的结构维度和语义量表。基于应用深度访谈、焦点小组和在线文本等方式收集的原始资料，通过整合分析、编码和理论饱和度检验，提炼出绿色建材品牌推崇的主要维度和语义量表。

4. 结构方程法

本研究基于探索性因子分析和信度分析的结果，采用结构方程建立品牌真实性对绿色建材品牌推崇影响研究的测量模型，检验该模型所有相关变量的效度，并对所提出的假设进行验证。

5. 神经网络法

考虑到绿色建材品牌推崇行为受到多种因素的影响，以及绿色建材的品牌真实性、自我—品牌联结和认知需要等潜变量之间可能存在的复杂性与非线性等系统特征，本研究采用神经网络对结构方程模型的分析结果进行补充，构建品牌真实性对绿色建材品牌推崇的影响度模型，模拟各相关变量对绿色品牌推崇行为的影响过程，评价各相关变量对绿色建材品牌推崇的影响度，并对结果进行分析与讨论。使用神经网络法所采用的软件是 Malab 2017。

本研究所采取的技术路线如图 1-1 所示。

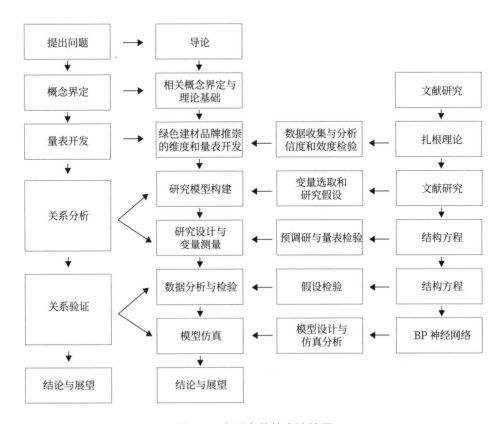

图 1-1　本研究的技术路线图

第二章 文献综述及相关理论基础

一、相关概念界定

（一）品牌真实性的概念

关于品牌真实性的内涵，学者们主要从客观真实性、建构真实性和存在真实性三个视角进行了探讨。

1. 客观真实性视角

品牌客观真实性主要体现为消费者体会到该品牌与客观事实相一致的程度，强调的是品牌与事实。在瞬息万变的市场中，客观真实性强的品牌一如既往地保持材料工艺、传统惯例的原初设计，以及产品质量、理念传承的初衷承诺[4]。迈克尔·贝弗兰（Michael Beverland）[5]指出，品牌真实性体现在内外一致性两个方面：品牌内在血统、精神、理念的坚守与传承，以及品牌外在品质、外观和风格的保持与一致。可见，品牌客观真实性是指随着时间的变化，某个品牌自身相关要素能否与原初完全一致，或完全符合相关标准。消费者判断该品牌是否真实，主要依据品牌承诺的一致性、持久性，即品牌是否能够一如既往、长期地坚持履行品牌承诺，企业的实际行为是否与初始传递的品牌形象、宣称的品牌文化保持一致，即品牌承诺与品牌实际表现是否一致。

2. 建构真实性视角

在发展与壮大的过程中，企业可能会实施品牌延伸和品牌并购等战略来获得差异化的竞争优势，品牌不可能一成不变、与过去完全对等。学者们指出，品牌真实性不应该只包括客观真实属性，还应该涵盖消费者对品牌本质的社会建构式解释[6]。消费者主要通过品牌外在可视、内在不可视的属性，各类符号线索和参与一系列与品牌相关的活动来建构真实性[7,8]。苏珊·斯皮格尔（Susan Spiggle）等[6]指出品牌元素的设计形式和审美需维系一致性，品牌产品的生产、工艺设计和包装展现上需体现出传统独特性，只有保持品牌本质、避免品牌过度商业化开发才能在品牌延伸中保持真实性。麦克·沙勒恩（Mike Schallehn）等[9]认为，以市场为导向的品牌定位意味着企业可能存在传播外部目标群体想要的品牌属性的风险，但这不能反映品牌的真实身份。一个真实的品牌应该很清楚它代表着什么，当品牌承诺是源于品牌的内部核心价值而不是为了迎合外部目标群体时，消费者就会认为它是真实的品牌。品牌建构真实性以建构主义为基础，将消费者的个人思想或社会阅历投射到品牌上，对品牌的纯正和真诚做出判断和评价。具体而言，品牌建构真实性是消费者对文化象征、工艺传承、怀旧情怀、质量承诺和设计等诸多要素独特性和原初一致性的整体感知和主观评价[10]。

3. 存在真实性视角

品牌存在真实性基于存在主义哲学分析消费者在品牌体验中是否实现了自我真实。有学者明确指出，不要只进行品牌真实与否的简单判断，而是要深度挖掘消费者如何理解品牌真实性和其所需要的品牌真实性[11]。后续有研究发现，消费者对真实性的理解与所处的社会情境和持有的梦想相关[12]，消费者需要的真实性应为生活赋予色彩，契合消费者向往的生活意义[13]。所以，消费者认可那些契合其"真我"的品牌，认为这些品牌是真实的。品牌社群是联结以消费者为核心的品牌与消费者或消费群体的关系网络，体现了消费者的自我形象和社会身份。消费者通过社群互动增进了以产品为载体的品牌客观真实性感知，与此同时也产生了存在真实性感知[14]。此外，消费者还会依据品牌是否履行了对自己的承诺、坚守品牌初衷和助推消费者忠于自我等方面的整体认知进行真实性评价[15]。徐伟和王新新[16]以老字号品牌为研究对象，认为品牌形象传递的象征意义是消费者情感消费中的重要目标，也是消费者追求的"自我意义"。金钟亨（Kim Jong-Hyeong）和张洙昌（Jang Soo Cheong）[17]指出，当伦理酒店的特定属性唤醒了消费者的自我认知时，就能够增强消费者品牌真实性的体验感知。因此，消费者对该品牌是否真实的判断还取决于消费者在品牌消费中塑造自我认同、强化真实自我、实现真实自我的特殊体验。

品牌真实性的内涵丰富，由于学者们的研究情境和研究目标不同，尚未形成统一的"品牌真实性"概念。基于以上研究，本研究对品牌真实性的内涵进行了归纳和梳理，如表 2-1 所示。

表 2-1　品牌真实性概念界定汇总表

主要视角	类型	代表人物	概念内涵
品牌客观真实性	主客观视角	贝弗兰 [18]	客观真实性是客观存在的，不能被历史、质量或艺术改变。相反，主观真实性是由消费者赋予客体的，它关系到形式的和谐、平衡或愉悦
	品牌承诺	图林·艾尔丹姆（Tuelin Erdem）和乔佛·斯威特（Joffre Swait)[19]	品牌的实际表现与其承诺相一致，是品牌成功的要素
品牌建构真实性	品牌内外真实性	斯皮格尔等 [6]	品牌真实性由两部分组成：内部一致性和外部一致性。内部一致性是指维持品牌的标准和风格、尊重品牌的历史和文化、保留品牌的本质和避免品牌被过度开发。外部一致性与"品牌本质"的呈现要素或传递主张相关，如品牌的包装、设计等外观因素或广告主题等
	老字号品牌真实性	徐伟等 [20]	老字号真实性是消费者对老字号形象与其传统要素一致性的主观评价
	品牌原产地真实性	许敬文（Hui Michael King-man）和周濂溪（Zhou Lianxi）[21]	当品牌原产地与制造地不一致时，消费者对制造地所生产的品牌的真实性的判断与态度
	绿色品牌真实性	孙习祥和陈伟军 [22]	绿色品牌真实性是消费者经过自我内化过程后的建构结果
	品牌并购真实性	姚鹏和王新新 [13]	品牌并购真实性是品牌并购后，消费者针对企业是否有能力保持品牌风格、遵循品牌遗产和坚守品牌精髓等方面做出的判断
品牌存在真实性	品牌体验	托马斯·利（Thomas Leigh）等 [15]	社群成员能通过 MG 载体获得客观真实性感知，同时在社群成员互动过程中获得存在真实性感知

从表 2-1 中可以看出，梳理和整合以上研究成果，品牌真实性可分为以下三类：第一类，品牌客观真实性是以证据为基础的真实，消费者可以借助标签起源、时代、产品成分和品牌表现等能够被证实的品牌信息作出评价；第

二类，品牌建构真实性是消费者将个人信仰、期望和观点投影到品牌上而感知的真实性，反映了品牌产生与消费者期望相匹配的符号能力；第三类，品牌存在真实性是指品牌作为消费者展现真实自我所依赖资源的能力，或允许消费者通过消费该品牌感到真实的自我。值得注意的是，不同的品牌真实性并不是非此即彼、互相排斥的关系，而是合力决定消费者对品牌真实性的判断。本研究将品牌真实性界定为消费者基于自身的期望对品牌是否能从品牌信息中获得名副其实的、诚实的、可靠和可信的品牌认知，它反映了消费者对品牌价值的信任水平。

（二）建材与绿色建材的概念与特点

1. 建材的概念与特点

在市场营销领域，建材是指满足土木和建筑工程材料需求的产品。建材产品具有以下三大特点。①消费频次低，购买量大。绿色建材产品结实耐用、功能持久，消费者单次购买数量大，属于典型的耐用消费品。②理性消费，需求缺乏弹性。消费者多为计划性地购买绿色建材，难以通过刺激发生偶发性购买行为；建材属于大件定制产品，消费者需要经过实际测量才会定量购买，需求缺乏弹性。③专业购买。建材的品类、品种和花色多样化，消费者难以简单地做出建材消费决策，在购买建材产品时会主动或被动地收集或了解绿色建材的相关专业知识。

2. 绿色建材的概念

有学者从建材产品的属性视角解构绿色建材的概念。阿尔祖拜迪（Alzubaidi）[23]指出绿色建筑材料的造价、能源消耗量和毒性普遍较低，处理环节少，环境危害小；使用绿色建筑材料既能达到减少房屋运营成本的经济目标，又能最小化空气毒性和环境污染。该观点从建材的经济属性和生态属性两个视角定义了绿色建材，但没有考虑绿色建筑材料对人类和社会的影响。志候昂（Chi Hoang）等[24]总结出绿色建材具有环境友好、低排放、再循环、可持续等特征。此定义提炼了绿色建材的生态属性，但忽视了绿色建材的经济属性和社会属性。保罗·约瑟夫（Paul Joseph）和特蕾特赛亚科娃 - 麦克纳利·斯维特拉娜（Tretsiakova-McNally Svetlana）[25]认为绿色建材需满足合理使用自然资源、能源效率高、消除或减少产生的废物、低毒性、节约用水、可支付性等要求。郑宇翔（Yu-Hsiang Cheng）等[26]将绿色建材与普通建材进行对比，发现绿色建材具有低毒性和化学物质排放量小等特征，强调不能仅评估建材的初次排放量，还应考虑次级排放量，因为次级排放产生的臭氧反应可能会长期影响空气质量感知。张源修（Chang Yuan Hsiou）等[27]在试点研究绿色循环建材的色彩性能时，指出绿色循环建筑材料是指从其他材料中得到的重复使用的建筑材料，即回收废弃物或利用废弃材料生产的建筑材料，同时他强调绿色建材需赋予空间艺术和娱乐质量。霍什纳瓦·赛义德·梅萨姆（Khoshnava Seyed Meysam）等[28]认为绿色建材是绿色建筑的重要组成部分，是一种生态的、促进健康的、可循环的或为满足可持续发展三大支柱（资源、社会与经济）而影响材料选择的高性能建筑材料。贺海洋和王慧[29]认为绿色建材是尽可能少地使用自然资源和能源，多利用工业废弃物生产对环境危害小和保证人体健康的建筑材料，是绿色材料的一个大类。冀志江等[30]通过梳理建材60年的绿色化发展历程，提出绿色建材是一个与时间维度相关的概念。具体而言，它是基于特定生产力水平的概念，是生产力水平发展到一定阶段的产物。该内涵和评价标准依据生产力水平而发生变化，绿色建材的前进方向是资源节约、环境友好和循环利用。

也有学者从建材产品生命周期过程视角解构绿色建材的概念。石倩（Shi Qian）和徐义龙（Xu Yilong）[31]将绿色建筑材料定义为那些在提取、提炼、制造和使用过程中对环境无害，以及那些在经济上方便回收的材料。艾利萨·弗兰佐尼（Elisa Franzoni）[32]认为绿色建材不存在一个明确的和公认的定义，它通常是指环境友好或环保材料。按照更合理或更普遍的看法，绿色建材强调全生命周期的可持续性，对人体健康没有危害，也不会对室内空气质量造成负面影响。郭钟峰（Kuo Chung-Feng Jeffrey）等[33]认为绿色建材是指在材料的采用、生产和使用过程中，对环境和人体健康危害最小的建筑材料，依据材料的生命周期可分为健康产品、环保产品、高性能的产品和再生产品。崔艳琦[34]选取生态水泥、绿色高性能混凝土、绿色节能材料及绿色装饰材料作为研究对象，认为绿色建材具有无毒、防水、阻燃、节能环保、再生利用、化废为材等特征，且在原料选择、生产工艺、产品应用、三废处理及回收循环使用等方面对地球的负荷小，是对环境友好的建筑材料。刘邦禹等[35]提出，绿色建材是指具有生态或环保的功能优势，能实现维护舒适生活环境的目标的建材，从建材的来源方式、制造加工、施工使用和后续处理等方面评估其绿色度。值得注意的是，不存在与非绿色建材完全对立的完美的绿色建材，因为在建材的全生命周期，如制造、运输、放置、处理或回收材料时总会对环境产生影响。绿色建材的技术和性能是不断发展变化的，因此人们难以确定一成不变的绿色建材清单。

3. 绿色建材的特点

绿色建材具有以下四大特征。

（1）在原材料方面，摒弃性能差、不耐老化、有效使用寿命短、难以循环利用的化学建材，尽可能少地使用天然材料，多利用废渣、尾矿等工业废料。

（2）在生产过程方面，绿色建材采用低能耗、污染小的生产工艺和生产设备，不添加损害身体健康的化合物和颜料，减少污染环境的衍生物。

（3）在生产目的方面，尽量减轻环境负荷，改善生产环境，提高生活质量。

（4）在废物处理方面，产品可降解、回收或循环使用。

结合绿色建材概念和特点的相关文献梳理，本研究认为在市场营销领域，绿色建材内涵体现在以下四个方面。

（1）产品的绿色属性。这是对建材产品在全生命周期中的"耐用、健康、环保、节能、生态、安全"属性的评价，强调绿色建材对自然资源和生态环境的友好属性。

（2）企业的绿色属性。这是指企业主动披露和透明化地公开企业的绿色信息，勇于承担社会责任，强调绿色建材对社会环境的友好属性。

（3）品牌的绿色属性。这是指品牌践行绿色创新开发理念并信守承诺，通过新技术、新工艺和新产品给消费者带来优质的产品，占据绿色建材消费者的心智，利于建材企业的可持续发展，强调绿色建材对企业的友好属性。

（4）渠道的绿色属性。这是指为消费者提供绿色环保、科技领先的建材产品和前沿的家居体验，强调绿色建材渠道对消费者的友好属性。

可见，绿色建材的绿色属性已经不再局限于绿色建材产品单个方面，而是体现为整个企业、品牌、渠道和消费者等上下游融合产业链的可持续属性。因此，绿色建材可以界定为"在某个特定的技术周期内，能够让消费者联想起对自然资源、生态环境和社会环境友好，促进企业上下游和社会可持续发展的建材"。

依托上文绿色建材和品牌真实性的内涵界定，本研究认为绿色建材的品牌真实性不是两个内涵的简单叠加，而是具有更广泛的品牌标识、承诺和象征性释义，它至少有以下三重内涵。

（1）绿色建材的品牌客观真实性。这主要体现为绿色建材品牌从原材料到最终成品的产品成分一致且不"掺假"，品牌的生产运营过程符合绿色建材标准且具有合法性。

（2）绿色建材的品牌建构真实性。这主要体现在绿色建材的品牌表现真实和沟通真实两方面。前者反映的是建材品牌真正纯粹、高质无毒、自然净味、安全可降解、环境友好和绿色建材论证等方面的内容；后者反映的是品牌沟通过程中公司和卖方信守承诺、坦诚，绿色信息沟通真实化，消费者能感知到企业的社会责任和公司的可持续性。

（3）绿色建材的品牌存在真实性。这是指消费者在获得绿色建材品牌价值时所感知到的情感真实、认知真实和社会真实。在消费者与品牌对话过程中的真挚沟通，有助于消费者认识真实的自我，融入品质化、品位化和健康化的品牌社群中。

因此，本研究将绿色建材的品牌真实性界定为消费者依据自我期望和认知对绿色建材的品牌标识、品牌承诺和品牌象征的主观判断与评价。

（三）绿色建材品牌的概念及特点

在界定绿色建材品牌的概念前，需要先解构绿色品牌的概念和释义。对于绿色品牌的概念，大多数学者从品牌属性、品牌比较和联合品牌的视角来进行界定，也有学者结合具体的产品来进行界定。在界定了绿色建材品牌的概念后，应结合绿色建材的产品和消费特点，总结绿色建材品牌的特点。

1. 绿色品牌的概念

从品牌属性的视角，彼得·O. 阿卡迪丽（Peter O. Akadiri）等[36]认为绿色品牌首先是品牌，可从品牌的概念入手解构绿色品牌的内涵。品牌是一个复杂的多维概念，它可以传达特征、利益、价值观、文化、个性、沟通、用户定义七个层次的含义[37]。绿色品牌被定义为一组特定的品牌属性和利益，这些属性和利益与品牌环境影响最小化和品牌环保健康感知有关[38]。玛沙·迪克森（Marsha Dickson）等[39]认为，可依据服装产品的内在特点、服装产品的制作过程和商业活动对环境的影响来判断绿色时装品牌。摩诃·穆拉德（Maha Mourad）和亚西尔·瑟拉戈·艾尔丁·艾哈迈德（Yasser Serag Eldin Ahmed）[40]发现，绿色品牌能为消费者带来绿色的"功能利益"，并在使用期间获得"环境关怀"的体验，这些"体验利益"满足了他们为"社会福利"做贡献的需求，进而在产品使用中获得"象征性利益"。黄一纯（Huang Yi-Chun）等[41]认为绿色品牌是环保等独特品牌属性和利益信息的传播者。赫曼特库玛尔·布拉萨拉（Hemantkumar Bulsara）和梅努·尚特·普利亚（Meenu Shant Priya）[42]指出，绿色品牌是一个综合性的概念，它表达了品牌的环保信誉、环保表现、环保主张的可信度和对环境问题与环境保护的承诺。艾瑞菲利·帕皮斯塔（Erifili Papista）和塞尔吉奥斯·迪米特里亚迪斯（Sergios Dimitriadis）[43]认为绿色品牌确实提供了一种特定的价值或一系列消费动机，这些价值或动机源于其环境产品设计、环保绩效和利他性，它们强化了消费者的品牌行为。

基于品牌比较的视角，约翰·格兰特（John Grant）[44]指出绿色品牌比其他替代品牌具有更大的生态优势，能够吸引那些考虑绿色消费的消费者优先购买。郭锐等[45]认为相对于非绿色品牌，绿色品牌具有环保、可持续发展的独特属性，既能吸引关注环保的消费者，又能让利益相关者获得健康、无毒、节能等诸多利益，进而有助于资源的优化配置。张明林和刘克春[46]从联合品牌的视角认为绿色产品品牌代表其获得了特定的绿色认证，可视为在原有产品品牌基础上赋予了绿色品牌内涵，增加了一个公共品牌。因此，绿色产品品牌是一种将私有品牌与公共品牌融合的特殊联合品牌。Wang[47]从企业品牌的视角认为，绿色品牌代表一种不损害自然环境的产品（如有机产品或不含人工成分的产品），或与可持续企业活动相关的产品。

已有学者结合城市、食品、奢侈品、化妆品和耐用品等产品对绿色品牌的概念进行了有益的探索。娜塔莉·古尔斯鲁德（Natalie Gulsrud）等 [48] 以丹麦为例，认为"绿色"在城市品牌中主要体现在两个方面：环境政策和生物维度。前者主要反映的是对污染控制、二氧化碳总量、减少碳排放和有限资源消耗的关注；后者反映的是城市中的绿色空间，彰显城市植被在确保高品质生活中的作用。绿色城市品牌是指具有加强城市环境政治监督力度、关注城市生物质量与发展的愿景，或者将二者结合起来以实现市场优势的城市品牌。陈仲胜（Chan Chung-Shing）和马路华（Lawal Marafa）[49] 从城市资源的视角构建了城市现有基础、绿色空间、绿色潜力、绿脉、绿色公民和绿色前提的六维度绿色城市品牌模型。该模型有助于理解绿色城市品牌，但绿色城市品牌的框架还需进一步探讨。在此基础上，陈仲胜 [50] 又指出城市绿色空间要想成为一个绿色品牌应包含以下健康元素：公园的愉快体验、城市树木的美化与绿化、山水风景的美化、公园的娱乐机会、公园与绿色空间的整体质量、公园和绿色空间的设施质量、绿色空间的可获得性、公园和绿色空间的安全性等。对绿色食品品牌、绿色奢侈品品牌、绿色化妆品品牌和绿色耐用品品牌的研究较多，梳理并提炼这些成果的核心释义可以发现，绿色品牌与具体产品结合后，"绿色"的侧重点发生了变化。例如：绿色食品更多地侧重健康、口感、安全和环保 [51]；绿色奢侈品（尤其是时装）强调手工制作、设计永恒、寿命更长，与大规模生产相比，能减少废弃物 [52]；化妆品的"绿色"属性要求既保证原料环保（不含杀虫剂、合成肥料、有毒物质、转基因生物或电离辐射的植物），又保证在生产过程中减少化学物质 [53]；绿色家电更侧重于质量优良、节约能源与实惠；汽车的"绿色"属性表现为经济、发动机性能好、零排放、技术创新；家具的"绿色"属性反映在设计、产地标签和原材料等方面。

通过以上结合具体产品的绿色品牌内涵不难发现，鉴于不同品类的"绿色"内涵和侧重点不同，很难全面、准确地对绿色品牌进行统一的界定。现有绿色品牌内涵释义的通用性和适用性有待商榷，在探讨绿色建材品牌的内涵时应结合绿色建材的内涵来进行。

基于绿色品牌的内涵和绿色建材的内涵，本研究认为绿色建材品牌是个多维度、内涵丰富的概念，其具备基本属性、功能属性和绿色属性。基本属性体现在质地纯良、颜色纯正、色彩自然、表面柔和、工艺优良、硬度和弹性好、性能稳定、耐用持久、售后服务完善等方面；功能属性体现为抗菌、防潮、防霉、抗震等功能特征；绿色属性体现在采用天然材料、运用高科技、生产过程污染少、资源使用率高、能源回收率高、甲醛释放量低、无刺鼻气味、具有环境标志和环保认证书、成分含量和参数性能指标标注明确、安全可靠、承担社会责任、践行绿色创新等方面。

绿色建材品牌可分为三类：①甲醛释放量低、无刺鼻气味、安全可靠、健康耐用、可循环、可再生、可重复使用的建材品牌；②在行业内引领和倡导绿色价值观，与利益相关者合作规范绿色建材营销秩序和净化绿色建材行业的品牌；③在全生命周期内尽可能地减少对整个建材产业链和建材生态系统造成的负面影响的建材品牌。

2. 绿色建材品牌的特点

从品牌营销的视角来看，绿色建材品牌具有以下特点。

（1）差异性。与普通建材品牌相比，绿色建材品牌具有生态凸显性和绿色区分度，有助于企业形成独特的绿色核心竞争力。

（2）稳定性。绿色建材品牌的稳定性体现为产品具有结实耐磨、功能持久等稳定品质，同时体现在绿色建材品牌的专注、承诺和绿色建材品牌持久的生命力上。

（3）高溢价性。绿色建材品牌具有的环保专利、材料质地、绿色工艺和工业设计等绿色价值形成了溢价因子，消费者为绿色建材品牌的溢价买单。绿色建材品牌优化建材产业资源的配置，与其产业链上的利益相关者形成建材行业的溢价共同体，在绿色建材品牌的市场运营中获得具有溢价性的"马太效应"，逐步淘汰传统建材品牌。

从消费者决策行为视角出发，结合绿色建材产品和消费特点，能够发现绿色建材品牌的决策行为具有以下三个显著的特征。

（1）绿色建材品牌消费决策过程复杂。绿色建材产品种类繁多，有些绿色建材产品需要集中购买，各种绿色建材产品的供应时间有一定的要求。消费者从绿色建材市场获取的信息有限，沟通互动不方便，在选购时付出的精力、体力成本巨大，因此从产生绿色建材消费需求、搜寻相关建材产品信息、比较各种绿色建材产品、确定购买方案、实施购买行为，到安装和使用绿色建材产品的时间非常长。

（2）关注绿色建材品牌的整体效果。消费者非常关注建材品牌的消费体验，因为有些建材产品是原材料或者是半成品，在建造和施工安装后才能呈现出建材品牌的整体效果。只有当消费者获得"宜用""宜人"和"宜居"的主观感受时，绿色建材品牌才能达到消费者的预期，获得好评与良好的口碑，否则消费者会产生强烈的负面情绪。

（3）绿色建材品牌知识水平较低。消费者倾向于选择绿色建材品牌，但大多数建材都经过表面处理，加大了消费者辨识绿色建材品牌的难度。同时，较低的消费频率导致消费者难以累积绿色建材品牌消费经验，消费者更多地依据绿色建材品牌的知名度和口碑推荐来进行消费决策[54]。

（四）绿色建材品牌推崇的概念及特点

在界定绿色建材品牌推崇的概念之前，必须先理解品牌推崇的核心内涵和释义。学者们发现，当消费者从产品认同延伸为品牌认同，成为品牌的执着追求者并极度热情地传播和推荐特定品牌后，正面品牌口碑不足以表述消费者狂热的品牌传播行为，也无法涵盖消费者满腔热情地说服他人一同融入自己消费阵营的行为倾向，因此学者将这种狂热的品牌传播行为称为"品牌推崇"[9]。

库尔特·马茨勒（Kurt Matzler）等[8]认为品牌推崇是以更积极和更坚定的方式传播积极的意见，努力劝导或说服传播对象接触、选择特定的品牌的一种"布道"般的狂热行为。他们进一步研究了品牌推崇的形成机制，认为其表现为消费者基于真实的"消费体验"，延伸为积极的品牌认同和高度的情感认同，发展成品牌的执着追随者。柯林斯（Collins）和墨菲（Murphy）[10]指出品牌或产品的推崇者自愿牺牲时间和资源，充当劝告他人使用该产品或品牌的志愿者。恩里克·贝塞拉（Enrique Becerra）和维沙戈·巴德里纳拉亚南（Vishag Badrinarayanan）[54]将品牌推崇定义为一种主动行动或积极言语支持，或者说服他人选择该品牌的行为。多斯（Doss）[55]将品牌推崇界定为消费者主动传达偏好品牌的积极消费体验，即多次表现出热情地推荐他人购买的强烈意愿。徐丽春（Hsu Li-Chun）[56] 提出品牌推崇是积极口碑的延伸，涉及与游说相关的行为模式，其行为特点为：第一，忠诚度极高；第二，非正式传播；第三，不遗余力地推荐品牌；第四，最终目的是一同购买和使用特定品牌。

也有学者提出了消费者推崇、粉丝推崇和品牌推崇者等概念。消费者推崇是指消费者在闲暇时自愿利用自己的知识、技能和资源主动传播品牌的优势信息，并热衷于主动劝导他人使用特定品牌[57]。德威尔（Dwyer）等[58] 发现高度激情和兴奋的球迷为体育运动的品牌推崇提供了机会。粉丝推崇会产生某些专业品牌的行为，如口碑推广、招募消费者、贬低竞争对手等。品牌推崇者是对钟爱品牌高度忠诚、积极热情地向其他消费者宣传正面的品牌信息、劝导他人共同购买该品牌并阻止他们购买竞争品牌的消费者[59]。作为制造商与消费者的实际接触者，零售销售人员能否有效地与消费者互动是品牌能否成功的关键。休斯（Hughes）等[60] 的研究结果表明，零售销售人员具有积极推荐品牌给其他人的倾向，这种花费精力努力销售品牌的支持行为就是品牌推崇。制造商和批发商可以通过增强零售销售人员的品牌认同使其形成坚定的品牌态度，将其培育成品牌推崇者。零售销售人员成为品牌推崇者不仅是努力销售品牌的角色延伸，也是品牌管理者、合作者和面向公众角色的推广。

基于以上分析，依据主体的不同，可将品牌推崇分为消费者推崇、粉丝推崇和零售人员推崇，践行品牌推崇相关行为的主体称为品牌推崇者。消费者推崇包含粉丝推崇。零售人员推崇主要发生在终端营销过程中，通过与消费者在最后环节接触的销售人员倾向性的正面口碑影响消费者的品牌态度和选择。虽然这些概念的内涵稍有差异，但这些品牌推崇行为均具有自愿代表品牌进行宣传、热切地说服他人、无偿地为品牌扩大消费队伍等核心特征。目前，大多数研究都以消费者为主体，将消费者推崇与品牌推崇视为相同的概念。

鉴于本研究的研究目标，如无特别说明，本研究所指的品牌推崇均为消费者—品牌推崇，它是衡量消费者品牌反应的变量。梳理以上文献，本研究将品牌推崇定义为一群消费者对所钟爱品牌的高度认同和狂热忠诚，即如信徒般地持续购买钟爱品牌，热情推荐该品牌，积极劝导他人消费该品牌，甚至对抗竞争品牌。

绿色建材品牌推崇可以界定为消费者自愿代表绿色建材品牌进行宣传的一种营销形式进展，可以为绿色建材品牌带来如口碑推广、招募消费者和防御竞争对手等诸多专业品牌行为的许多益处。结合绿色建材品牌的内涵和品牌推崇的内涵，本研究认为绿色建材品牌推崇是指消费者对绿色建材品牌和与绿色建材相关的品牌消费及品牌价值呈现出强烈的信念性行为。

绿色建材品牌推崇具有以下四个特征：①高度认同，绿色建材品牌推崇者认同绿色建材品牌的形象与价值，认为绿色建材品牌相关产品具有较好的质量，能对环境产生积极的影响；②溢价支付意愿，绿色建材品牌推崇者不仅愿意为绿色建材品牌支付溢价，而且非常重视绿色建材品牌；③乐于分享，绿色建材品牌推崇者愿意在诸多场合交流绿色建材品牌的购买经验，并将绿色建材品牌的属性分享给他人；④独占性，绿色建材品牌推崇者不信任非绿色建材品牌，避免使用非绿色建材品牌，甚至传播非绿色建材品牌的负面口碑。

二、相关文献综述

（一）品牌真实性的研究动态

目前，品牌真实性的研究可分为品牌真实性与品牌正宗性的区别、品牌真实性的测量维度，以及品牌真实性对消费者反应的影响三个方面。

1. 品牌真实性与品牌正宗性的区别

"正宗性"意指"嫡系的""正统的""传统的""真正的"，是对具体事物（尤其是非正式组织或文化）正统性的综合评价。而"真实性"是指"实际的""真正的""正确的"，代表某个事物的真实情况或名副其实的判断。

在品牌管理领域，虽然品牌真实性和品牌正宗性二者有诸多相似之处，但其核心内涵存在着显著差异。蒋廉雄等[61]将品牌正宗性界定为某个品牌产品的原料、技术、工艺及产地与最初时相比保持相对稳定的状况，它反映了品牌原创的"光环"，构成了消费者产品知识建构的一个维度。品牌真实性是消费者对品牌诚实可信、正宗可靠等属性的综合判断。对某个具体品牌而言，品牌正宗性更强调品牌原真、品牌原本之意，而品牌真实性除了包含品牌原真性，还包含品牌承诺等真实性的内涵。从这个视角看，真实性概念的内涵更丰富，包含了正宗性的核心释义。例如，20 世纪 80 年代，可口可乐公司为了应对百事可乐公司的强势进攻而改变了原有的可乐配方，推出了新可乐。新可乐仍然具有品牌真实性，但遭到了消费者的一致抵制与抗议，他们认为改变配方后的新可乐不具有品牌正宗性。

在区域品牌研究领域，品牌正宗性和品牌真实性的侧重点具有差异。黎小林等[62]基于区域品牌视角，指出品牌正宗性是品牌之间的比较判断问题，品牌真实性是品牌本身的比较判断问题。品牌正宗性代表区域品牌范围内哪个品牌更符合区域品牌形象，而品牌真实性是某个具体品牌与自身品牌形象匹配的评价。因此，品牌正宗性具有更强的优越性与典型性。同时，品牌正宗性更侧重品牌要素（尤其是非物质部分，如配方、制造工艺、文化传统等）名正言顺的合法继承性，具有排他性与独有性。例如，关于"正宗广东凉茶品牌"之争，广药集团和加多宝集团不断向消费者传递家族传承、配方拥有权、技艺连贯等合法性线索，这种竞争的实质是区域品牌正宗性的争夺。正宗性区分"仿冒"与"夸张""山寨"与"正宗"，是消费者对品牌本质社会建构性的理解[63]；品牌真实性区分"诚实"与"虚假""真正"与"肤浅"，是消费者对品牌要素传递纯正性的主观评价[64]。虽然二者的侧重点与内涵存在差异，却均能在主观上影响消费者的心智，左右消费者对品牌的认知和评价，这使得二者在一般情况下经常被混用。

2. 品牌真实性的测量维度

关于品牌真实性测量维度的研究大多依据特定研究目标开展，尚未形成统一的品牌真实性量表。品牌真实性量表的产品品类既有食品、服装、汽车等有形产品，也有航空、旅游、娱乐等无形服务。曼弗雷德·布鲁恩（Manfred Bruhn）等[65]认为品牌真实性反映了品牌在时间维度中保持一致、易与其他品牌区分、值得信赖和原真未加修饰性等特征，由持续、独创、可靠和天然等四个维度组成。康利（Coary）[66]以电子产品、服装和食品为实证，认为品牌真实性由类别先驱、恪守原则和维系原产品三个维度组成。类别先驱反映品牌的首创性，即品牌及产品工艺、设计、形式是行业的引领者，也是行业的标杆；恪守原则反映品牌的忠实性，是指品牌恪守企业的核心价值观，忠于企业愿景，不忘初心，对消费者坦诚；维系原产品反映品牌的持续性，体现为传承和发扬品牌价值的核心属性。

以上学者开发的品牌真实性量表主要是从产品真实性的角度设计的，忽略了品牌象征性、品牌社会性等属性对真实性的影响。朱莉·那波利（Julie Napoli）等[12]认为消费者对品牌真实性的体验具有差异性，因此他们开发了质量承诺、传承和诚挚等三类维度的综合感知量表。该量表基于消费者感知心理设计，有助于全面地理解品牌真实性的多维结构，但没有考虑品牌的社交属性。费里希塔斯·摩哈德（Felicitas Morhart）等[67]选择食品产品品类，设计出了包含持续、诚信、正直和象征的品牌真实性语义量表。其中：持续体现为品牌坚守自我，不随波逐流，具有前瞻性，有引导或超越消费趋势的能力；诚信是指品牌信守其承诺和忠于消费者的意愿；正直体现在品牌承担社会责任和遵循品牌使命；象征是品牌有助于消费者强化自我认同的属性，即在消费者—品牌关系交互过程中沟通价值和理念，进而塑造自我真实。此量表涉及品牌的象征性，考察了其象征价值与消费者个体目标实现的关联，拓展了品牌真实性的多维内涵，但只选取了食品这一产品品类，限制了其适用性。

3. 品牌真实性对消费者反应的影响

品牌真实性影响消费者的态度和行为这一观点得到了学者们的一致认同，被消费者认可的真实品牌会赢得他们积极的态度和回应，出现品牌认同、品牌信任、品牌依恋和购买意向等描述消费者积极回应的概念。品牌认同可衡量消费者自我价值与品牌价值的相符程度。已证实真实性能深化消费者对品牌内在属性和外在特征的认知，进而演化为高度的品牌认同[68]。徐伟等[20]认为老字号品牌的客观真实性深化了消费者对其质量的理解与认识，建构真实性要素降低了消费者的不确定性担忧，自我真实性要素满足了消费者潜在的心理需求，三者合力升华了消费者的品牌认同。品牌信任源于消费者对品牌可靠、可信和尽责的信心，是品牌认同的延伸。真实的品牌质量可靠、承诺可信、信守价值、自然纯正、谨遵原则，这样的品牌是值得信赖的，因此品牌真实性被视为塑造品牌信誉和培育品牌信任的新手段。沙勒恩等[10]指出真实的品牌在与消费者的互动过程中具有真正的品牌承诺意愿和稳定地兑现品牌承诺的能力，这是培育消费者品牌信任的关键。摩哈德等[67]认为消费者的品牌真实性感知有益于培育品牌依恋。在品牌过度商业化的环境下，品牌象征性是品牌信息传递的载体，为消费者理解品牌的内涵创造了便利条件，品牌真实性的诸多要素则会让消费者形成品牌以消费者为导向的积极感知，进而演化为强烈的品牌情感投入，形成稳定的情感纽带，甚至有可能自愿为该品牌背书，并通过积极的口碑传播做出顾客承诺。

品牌真实性有助于提升消费者的购买意向和对品牌价值的认识水平，增进对品牌真诚的理解，进而产生品牌信任并形成积极的购买意愿。斯皮格尔等[6]从品牌延伸合法性和文化一致性两个角度探讨了品牌延伸真实性的维度，研究结果表明品牌延伸真实性通过自我—品牌联结影响品牌延伸态度、购买意向和推荐意愿等品牌延伸反应。康利[66]的研究表明，品牌真实性反映了品牌主张和品牌表现的承诺，因此塑造具有真实性的品牌更可能吸引消费者的关注和形成品牌信任。法比安·艾格斯（Fabian Eggers）等[69]认为品牌真实性有助于中小企业的成长。若企业外在表现（如品牌品质和品牌沟通）等契合企业愿景和品牌使命，消费者的自我价值就更易与品牌价值产生共鸣，在共鸣过程中产生品牌信任，助推中小企业成长。亚斯米纳·伊利契奇（Jasmina Ilicic）和辛西娅·韦伯斯特（Cynthia Webster）[70]的研究显示，对于品牌与消费者来说，诚实与率真的关系利于双方发现真实的自我，增强了品牌的可认知性，即使品牌承诺较弱，消费者也会产生品牌购买意向。姚鹏和王新新[13]针对"蛇吞象"式并购发生后品牌真实性问题的研究表明，当消费者认为强势品牌的真实性弱化时，其购买意向也随之降低。姚鹏[71]以农业集群品牌为实证进行研究，结果表明集群品牌真实性显著正向影响品牌忠诚，品牌信任在此过程中起到了中介作用。黄海洋和何佳讯[72]从真实性偏好的视角切入，分析了真实性偏好对购买意向的作用机理。实证研究表明，真实性偏好高的消费者更容易通过品牌文化特征找寻真实性，实现自我价值延伸。徐伟等[64]梳理品牌真实性已有的研究成果，发现在企业质量承诺等因素影响下形成的品牌真实性认知会通过品牌态度（认同、信任和依恋）间接影响品牌行为（购买意向、溢价和口碑）（图2-1）。李娟等[73]以绿色建材为研究对象进行分析，结果表明绿色品牌真实性正向影响绿色建材购买意愿，自我—品牌联结在此过程中起着中介作用。

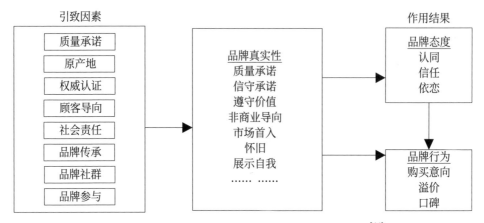

图 2-1　品牌真实性的构成、形成机理与作用机理[64]

对相关文献进行梳理可以发现，诸多学者从客观真实性和建构真实性的视角探讨了品牌真实性的核心内涵，并指出了品牌真实性的评价离不开人们的思维和认知，不可能存在单一的、纯客观的真实性，并有一部分学者基于存在主义提出了自我真实的视角，这些积极的探索在理论上丰富了品牌真实性的研究，在实践中为营销实践者提供了品牌沟通的新手段。目前，关于品牌真实性的测量维度虽涵盖了品牌的各种要素和属性，但研究对象和目的的不同限制了品牌真实性的测量广度和深度。现有研究虽探讨了品牌真实性的内涵、测量维度、前因后果，但从研究对象上看，大多集中在快速消费品品牌上，对耐用工业品的品牌真实性关注较少。品牌真实性包括消费者对品牌的诸多属性（名副其实、品牌承诺言行一致、谨遵品牌文化、恪守品牌原则等方面）是否真实一致的整体评价。可见，关于品牌真实性的研究对象，学者们选取的大多是快速消费品品牌，这些已有量表很难准确测量其他产品类别，如耐用品、工业品品牌的真实性问题。因此，探讨其他产品类别的品牌真实性问题会更有针对性地指导品牌管理实践。

（二）绿色建材的研究动态

绿色建材的研究动态可分为绿色建材评价和绿色建材消费现状两大类。

1. 绿色建材评价

单因子评价法是指通过单一变量或标准衡量绿色建材的方法。志候昂等[74]

发现部分建筑材料常常被吹捧为"绿色"材料，但事实上这个术语并没有科学的定义。部分国家探索了可操作的绿色建材评价指标，在一段时期内"低排放率"成为绿色建材评价的标准，人们通常采用挥发性有机化合物（volatile organic compounds, VOC）来衡量其"绿色度"。然而，VOC 是从生产产品的实际成分中排放出来的，这一标准一般适用于"初级"排放。实际上，许多绿色材料都以生物质为基础，还存在醛和酮等反应产物的大量"次要"排放。基于此，有学者提出使用挥发性有机化合物总量（total volatile organic compounds, TVOC）来评价其绿色度[34]。邵高峰等[75]举例阐释了单因子评价法的应用，如废气排放量、废水排放量和废渣排放量等因子均被用来衡量建筑材料的绿色度。梳理相关文献可发现，采用单因子评价法虽然能衡量大气污染、水污染和废弃物的污染，但不能全面反映建筑材料对环境的综合影响（如室内空气质量、能源消费水平、节能降耗状况和全球温室效应等），也未考虑建材产品品类，缺乏针对性强的评估体系。不同建材产品的绿色度不能用同一个单项指标衡量，有些单项指标无法进行平行比较。

对于生命周期评价的概念尽管存在不同的表述，但其总体核心一致，即生命周期评价是建筑材料的产品生命全过程（生产原料、生产过程、施工工程、使用过程及最终处理）对环境、社会和人类健康等方面影响的评价。彼得·阿卡迪利（Peter Akadiri）和保罗·奥罗莫莱耶（Paul Olomolaiye）[36]运用因子分析方法证明绿色建材的评估可归纳为六个因素：环境影响、资源效率、废弃物最小化、生命周期成本、社会效益和绩效能力。谢婷婷（Hsieh Ting-Ting）等[76]从资源利用率、能源利用率、温室气体排放量、高绩效、生态友好、经济性六个维度评估绿色建材。白尚平[77]从资源、能源、环境和人类健康三个方面评价建材的绿色度，即从节约土地、水和矿产等自然资源，新能源开发和利用，土壤污染、水污染、空气污染及废弃物处理对人类健康的影响三个方面进行评价。赵平等[78]建立了绿色建材的评估体系框架，从建筑原材料获取、生产施工、使用和废弃等环节中选取了本地化获取原材料、清洁生产和施工、使用安全和循环性等指标对建筑材料的绿色度进行评价。马眷荣等[79]从产品的特征，如产品宜用性、舒适性和产品对环境的影响等出发设计了绿色建材的指标体系。宋小龙等[80]以矿渣水泥和商品混凝土为例，选取二者生产过程中的能源消耗、原材料消耗和碳排放三项指标评估绿色建材产品全过程的环境效益。

也有学者从绿色建材特征和绿色建材发展目标的视角开展了绿色建材的评价研究。弗兰佐尼[32]认为绿色建材需具备力学性能（如强度、刚度、抗震性）、声学性能（令人满意的室内舒适度）、耐久性（材料的寿命）、重量和尺寸限制（符合建筑物的具体特征）、安全性（材料搬运、放置和防火）、其他具体表现（如对医院的卫生要求、对学校的安全要求、对图书馆的颜色和透明度要求等）、美学效果（符合当地的建筑习惯、规范和传统）、成本（符合预算）。郭钟峰等[33]以台湾绿色建材评价为例，指出绿色建材需符合环境保护、性能专业、安全标准、无禁用物质等基本要求，以及来源无短缺危机、劳动力投入少、隔音、透气、节能、材料成分可更新等特殊要求。李艳和陈宗耀[81]以绿色道路建材为例，从加工属性、环境属性和经济性三个方面设立了建材的相似性、难易性和能耗性、无毒性、非燃性、防腐蚀性、分解性、无污染性、产品成本和回收成本等评价指标。朱志远等[82]基于绿色建材的特征，从"节能、减排、安全、便利和可循环"五个方面设计了绿色防水材料的评价体系。李静[83]认为绿色建材选用原则需符合资源利用政策、节能节水政策、质量安全政策，并应选用品质高、材料耐久、性能优良、配套技术齐全、材料本地化、价格合理的建筑材料。这些评价指标为绿色建材的评价提供了思路，但多属于定性描述，对评价者的建材专业知识要求比较高。

杨军丽（Yang Junli）和伊比什姆·西里尔·奥贡卡（Ibuchim Cyril Ogunkah）[84]开发了一个多准则决策支持系统（decision-making support system, DSS），旨在为设计者提供有用和明确的信息，帮助他们在低成本绿色住宅项目选择材料方面做出明智的决策。这项研究支持决策者在选择低成本绿色建筑产品时寻求在环境、社会、文化、技术和经济方面的平衡，并在这几个方面设立了相应的指标体系。路晓亮和王建廷[85]从绿色建材的属性（初级与高级）、绿色建材的核心要义（资源节约、安全舒适和环境友好）和绿色建材的发展方向（科技创新）等方面设计了绿色建材的评价指标体系。霍什纳瓦等[28]基于可持续发展的三大支柱（经济发展、社会权益和环境保护），采用混合多目标决策方法对绿色建筑材料的等级标准进行了排序。绿色建材评价标准是某个特定阶段、特定生产力水平下的评价指标，随着建材技术的发展和消费者对建材品质追求的提高，绿色建材的评价标准也随之提高。因此，绿色建材代表着一段特定时期的建材发展水平，是满足消费者需求的建材产品，绿色建材的评价标准是变化和发展的而非绝对稳定的[86]。基于此，只能根据现有的最佳技术和所需材料的性能在市场可用的绿色建材中进行选择，但有关绿色建材性能的信息庞杂，往往会限制建筑设计决策者进行权衡分析，这也强调了绿色材料评价的重要性。

2. 绿色建材消费现状

绿色建材注重在全生命周期内与生态环境相和谐，改善和提高人们的生活质量。绿色建材既能促进建材企业转型升级，又能引领绿色消费潮流。当前，绿色建材"叫好不叫座"的消费现状体现出了绿色建材的模糊性、绿色建材感知价值低和消费者思维惰性等问题。

（1）绿色建材消费现状存在模糊性问题。

目前，绿色建材市场最主要的问题是缺乏统一和清晰的绿色建材认证体系。建材企业的产品必须通过质量管理体系认证（ISO 9001）、环境管理体系认证（ISO 14000）和环保节能认证（绿色建材认证），但尚未建立一套统一和具有公信力的绿色建材认证体系[87]。现有的"绿色认证标准体系"多是针对建材产品全生命周期某个阶段建立的片面绿色指标，没有深入分析建材产品的绿色属性和统筹考虑绿色要素，同时绿色建材标识眼花缭乱，可能会产生误导效应，增加消费者的识别难度。威廉·扬（William Young）等[88]研究发现，若绿色产品的属性与环境绩效线索不透明，消费者会产生认知障碍，进而可能因模糊规避行为而放弃绿色产品。建材领域的节能环保、安全健康、可再生、低碳、循环、清洁生产等第三方认证标识种类繁多，各种标识充斥市场，导致市场辨识度不高，消费者的消费意愿低。究其原因，主要是对"绿色"的模糊化认知，消费者没有形成统一的理解，存在"绿色"被滥用的现象。名目众多的"绿色标识"相互竞争，其公信力难以保证，也难以获得消费者的认可。因此，急需形成一套统一和可信的绿色建材认证体系持续引导绿色建材消费。绿色建材的评价标准体系滞后，导致让消费者"真假难辨"的"假绿色建材"潜藏在绿色消费风潮中。柴海华等[89]认为消费者对绿色建材的了解途径有限，对环保性的认知较为片面，绿色建材市场鱼龙混杂，消费者极易购买到假冒的绿色建材。终端消费者并不熟悉绿色建材全生命周期的相关评价标准，他们最关心的是如何鉴别、购买、使用绿色环保、健康安全的建材产品[35]。针对消费者担忧建材健康的心理，某些商家将粗制滥造、良莠不齐、质量低下的不符合绿色建材标准的产品包装宣传成安全环保的绿色建材，各种自我标榜和自我吹捧的绿色建材更是"乱花渐欲迷人眼"[90]。绿色建材产品的绿色属性不幸成为部分无良企业和商家虚假宣传、进行炒作的噱头，消费者易被商家误导，难以鉴别其是否"绿色"，滥竽充数的"绿色建材"不知不觉地危害着消费者的身心健康，破坏了消费者对绿色建材的好感。这种现象也阻碍了整个建材行业的健康发展。一方面，以假充真、以劣充好的绿色建材挫伤了消费者对绿色建材产品的信心，更损害了消费者对"绿色环保节能"消费的热情；另一方面，假冒建材滥竽充数，导致绿色建材行业陷入劣币驱逐良币的怪圈，真正的绿色建材品牌深受其害。认证体系的建立能够倒逼企业控制建材产品质量，对规范建材市场健康可持续发展起到技术保障作用。考虑到不同建材品种的原材料、工艺和功能迥异，其各项环保、节能、健康标准的条例、数据与内涵也存在很大的差别，只有对每种具体的建筑材料进行逐一研究，才能形成一套规范、完整的数据库[75]。绿色建材的标准评价体系建设是一项非常复杂的工作，可以先尝试建立建材性能较为稳定和建材技术较为成熟的部分建材产品的标准化评价体系，再分批次地逐渐延伸到其他建材产品[91]。

（2）绿色建材消费现状存在感知价值较低的问题。

随着消费结构的快速转型和升级，建材消费向高质化、个性化、多元化、绿色化的方向转变，消费者对建材产品的品质、花色、品种、性能、规格、品牌、健康、环保等方面的要求不断提高。调查研究显示，绿色可持续性的产品及服务更易赢得消费者的偏好，"绿色价值"成为影响消费者购买的重要选择依据。虽然以增量为主的传统建材产业的发展趋势有所放缓，但不容忽视的是建材产业整体质量水平不高、技术水平较低、创新能力不强、诚信意识淡薄等现状。目前，制约绿色建材产业发展的最大阻碍是"供需错位"。首先，建材消费呈现出新的特征，表现为消费层次的提高。目前，建材消费品类缺乏有效的绿色产品供给，绿色建材产品种类不丰富，给消费者带来的"吸引力"

和"诱惑力"不足。其次，"品种、品质、品牌"成为消费者选择绿色建材的重要衡量标准。由于绿色建材市场存在着产品同质化严重、品质参差不齐、绿色建材品牌稀少等问题，绿色建材的产品性能、品质及可选性等方面难以满足绿色建材消费的需求[92]。最后，绿色建材的价格普遍较高。消费者对绿色建材的认识不足，往往只关注一次性付出的成本，忽视了长久的费用支出，直接导致消费者不愿为绿色建材支付溢价从而放弃消费[93]。

（3）绿色建材的消费现状存在消费者思维惰性的问题。

首先，"绿色消费"与"消费绿色"的概念模糊不清[94]。部分消费者把绿色等同于"纯天然""有机""无醛"等，只消费天然、纯正、无添加物质的绿色建材。这种认知是对绿色的片面认知，其实绿色建材还包括可循环、可再生、可重复使用的建材和在全生命周期内尽可能地减少对整个产业链、相关生态环境产生的负面影响的建材。其次，"建材的价格越贵，环保性能越好"的错误理解。绿色建材各个环节的技术投入更多，环保要求也更高，价格也普遍较高，但是价格贵不能简单地与环保性能好画等号，建材的价格高，环保性能不一定好。目前，豪华的高档建材宣传力度大，但这类建材并非全然环保，反而可能导致部分消费者存在攀比、炫耀的消费倾向。再次，消费者的不作为惰性。社会行为学认为，当人们处于习惯状态和固有模式时，处于心理舒适区，是拒绝改变的。除非人们真切地感受到新事物所带来的明显益处，且实施改变具有可操作性和便捷性，即当新事物具有"有用性"和"易用性"时，人们才认为值得尝试，否则就会选择维持现状而拒绝尝试。因此，要改变人们的消费行为，必须让其认识到值得做和容易做。前者体现为绿色建材消费的动机，即必须向绿色建材消费转变的意图；后者体现为绿色消费的能力，即能完成并实现向绿色建材消费的转变。虽然绿色建材的消费行为较传统建材消费更能为消费者提供绿色价值，但消费者的建材行为容易受到思维定式和消费惯性的影响，很难向绿色建材消费行为转变[95]。目前，绿色建材承诺的价值难以兑现，货真价实的绿色建材难以获得，消费者在短期内无法发现绿色建材所产生的综合经济效益和环境效益，这些问题共同造就了绿色建材消费态度与行为之间的差距。

（三）绿色品牌的研究动态

绿色品牌的研究动态主要集中在绿色品牌消费态度和行为的相关概念、影响因素和影响结果等主题上。

1. 绿色品牌消费态度和行为的相关概念

学者们围绕绿色品牌对消费者态度和行为的影响进行了有益的探索，提出了描述绿色品牌态度和行为的相关概念。康晟浩（Kang Seongho）和许元木（Hur Won-Moo）[96] 提出：绿色品牌满意是指品牌满足消费者对环保的渴望、对可持续的期望和绿色需求的一种与消费相关的满足感；绿色品牌信任是一种依赖产品、服务或品牌的意愿，基于其对环境绩效的可信性、仁慈和能力所产生的信念或期望；绿色忠诚是指消费者重复购买或者持续使用绿色品牌的承诺。陈玉珊（Chen Yu-Shan）等 [97] 将口碑传播扩展到环境领域，提出了绿色口碑（green WOM）的概念，并将其界定为顾客向亲朋好友及同事们告知产品或品牌的积极环保信息和环境友好的性质。绿色口碑是一种特殊的口碑传播，消费者传播其绿色品牌认识和购买经验的感受不仅为信息接收者提供了绿色品牌知识，传递了绿色品牌态度，而且基于品牌相关体验的沟通深化了信息双方的社会联系，并最终影响信息接收者对绿色品牌的判断和评价。

2. 绿色品牌消费态度和行为的影响因素

影响绿色品牌消费态度和行为的因素主要体现在企业绿色形象、品牌特征、消费者特征和情境因素方面。张明林和刘克春[46] 指出绿色品牌具有绿色识别的作用，但由于绿色品牌监管系统不完善，企业存在"搭便车"和滥用绿色品牌等机会主义行为。部分消费者认为品牌广告中的绿色主张具有误导性，这种消极认知使那些真正拥有绿色利益的品牌可能需要寻找其他方法来将这些利益传递给打算践行可持续消费行为的消费者。帕夫洛·A.弗拉基奥（Pavlos A. Vlachos）等 [98] 的研究证明了公司采取社会负责或生态友好的实践是建立与消费者的联系的重要属性。陈玉珊等 [97] 研究了"漂绿"对绿色口碑的影响，研究结果表明绿色感知质量和绿色满意正向影响绿色口碑，"漂绿"不仅直接负向影响绿色口碑，还通过绿色感知质量和绿色满意间接负向影响绿色口碑。张允贞（Jang Yoon Jung）等 [99] 发现绿色实践能够促进消费者对咖啡店的依恋，进而形成对咖啡店和产品的忠诚。米亚·W. 艾伦（Myria W. Allen）和马修·L. 思派雷科（Matthew L. Spialek）[100] 提出与同龄人相比，那些拥有与生态范式相关的新价值观的"千禧一代"更容易受食品公司的环境足迹、道德治理、社区参与及与营养相关行为的影响。这些因素不仅很有可能影响其产品购买决策，而且可能影响他们是否向朋友们提供更多的绿色口碑推荐。王磊（Wang Lei）等 [101] 发现绿色酒店的绿色形象影响消费者的绿色满意和绿色信任，后者会影响绿色酒店的口碑传播。女性绿色酒店消费者比男性绿色酒店消费者更可能进行口碑宣。重视绿色实践的消费者注重公司绿色化的主动性与动机，通过支持、拥护环保的公司表达自我，获得情感利益 [99,102]。绿色产品包装缺少清晰的绿色信息会导致消费者难以全面地理解绿色品牌，品牌"漂绿"的客观现象也使绿色品牌难以被注意到和进入消费者的考虑集 [103]。杨一纯（Yang Yi-Chun）和赵鑫（Zhao Xin）[104] 也认为绿色品牌的包装对消费者行为的影响越来越重要，且绿色包装设计对消费者的绿色品牌信任和绿色品牌依恋具有显著正向影响。他们还指出了绿色包装设计应包括五大特点：环境保护、安全、包装设计理念、环保识别和便捷性。陈玉珊和张敬珣（Chang Ching-Hsun）[105] 认为绿色感知质量正向影响绿色品牌信任，绿色感知风险负向影响绿色品牌信任，二者能通过绿色品牌满意影响绿色品牌信任。安东尼·洛博（Antonio Lobo）等 [106] 的研究结果表明绿色品牌提供的功能利益和自我表现利益直接提升了品牌的绿色形象，功能利益和绿色品牌形象对绿色品牌忠诚有直接影响。林嘉玲（Lin JiaLing）等 [107] 还探讨了绿色品牌创新和绿色价值感知对绿色品牌忠诚的影响。绿色品牌创新能通过绿色感知价值间接影响品牌忠诚，且该影响路径受到绿色品牌知识的调节。

消费者的绿色品牌知识、绿色意识和环保关注是研究影响绿色品牌态度和行为的特征变量。陈安妮（Chen Annie）和彭诺曼（Peng Norman）[108] 认为绿色酒店知识是关于酒店对自然环境影响的事实、概念的总体知识。研究结果显示，游客的绿色酒店知识越丰富，对绿色酒店的态度就越积极，入住绿色酒店的意愿就越强。黄一纯（Huang Yi-Chun）等 [41] 将知识—态度—行为范式应用到绿色品牌研究中，将消费者绿色品牌知识划分为绿色品牌意识和绿色品牌形象两个维度，绿色品牌定位会通过绿色品牌知识影响消费者的绿色品牌态度，进而影响绿色品牌行为。张允贞等[99]发现绿色意识具有调节绿色品牌依恋和绿色品牌忠诚的作用。米什勒·阿底提（Mishal Aditi）等[109]的研究表明绿色品牌态度影响消费者感知有效性和绿色购买行为。穆罕默德·穆赫辛·巴特（Muhammad Mohsin Butt）等[110]探讨了消费者个人的环境关注和对绿色产品的态度对品牌相关知识结构（形象和联想）和绿色品牌关系偏好（信任和价值）的影响。结果证实，消费者环境关注的价值观和对绿色产品的态度之间存在正相关关系，这两种结构都影响消费者的绿色品牌知识结构（形象和联想）。此外，消费者的知识结构（形象和联想）与他们的绿色品牌关系偏好（信任和品牌权益）之间存在着密切的关系。也有学者从消费者价值的视角分析其对绿色品牌关系的影响。尹振英（Lisa C. Wan）和帕特里克·潘（Patrick Poon）[111]探讨了个人价值中的面子关注程度对绿色品牌态度的影响，研究发现消费者的面子关注程度越高，绿色品牌效应越强。帕皮斯塔等[112]探讨了促进或阻碍消费者—绿色品牌关系的因素，并指出消费者对绿色品牌的价值感知影响消费者—绿色品牌的关系质量，进而影响品牌忠诚。张启尧等[113]发现消费者个体权力和社会权力直接影响绿色品牌依恋，二者也能通过绿色品牌关系真实性间接影响绿色品牌依恋，而绿色涉入度在此起着正向调节作用。孙习祥和张启尧[114]从消费者自我的视角分析其与绿色品牌关系真实性的关联，探讨了生态知识和感知效用在此影响过程中的调节作用。张启尧等[115]将消费者自我与情境结合起来，并分析了二者对绿色品牌依恋的组合效应。郭瑞（Guo Rui）等[116]认为"漂绿"行为导致信任危机，现有的大多数研究从品牌策略的角度分析绿色品牌信任，但忽略了绿色能源品牌信任重建的必要情境条件和社会支持。

绿色品牌关系可视为绿色品牌与消费者之间的长期、持久、独特的双向互动，也是影响绿色品牌态度和行为的重要变量。绿色品牌关系不仅有利于提升绿色品牌价值，还能促进绿色品牌口碑宣传、持续性期望和绿色品牌推崇等行为。洛博等[106]提出自我—品牌联结是衡量消费者—品牌关系的重要维度，自我—品牌联结是指品牌与消费者自我融合的程度。当绿色品牌自称环保和道德时，有助于消费者在购买和使用绿色产品过程中展现绿色身份和进行自我表达。陈玉珊等[117]将绿色品牌依恋定义为消费者与特定绿色品牌之间的感知联系程度。当品牌成为消费者生活的一部分时，会影响消费者的情感、自我联结、承诺、信任和亲密感。基于绿色品牌的特定背景，在梳理关系营销和绿色品牌的相关文献，并综合绿色品牌消费动机的调查结果后，帕皮斯塔和迪米特里亚迪斯[43]认为：目前绿色品牌关系相关类型的内涵释义只关注绿色品牌的环境绩效，并未涵盖消费者与绿色品牌之间的所有联系和关系构建；同时并没有通过整合的方式用绿色品牌关系利益的类型解释绿色品牌关系质量这个多维概念及其影响结果。他们指出，绿色品牌关系利益包括信心、社会化、自我表达和利他主义四类，绿色品牌关系利益通过满意度和关系质量间接影响绿色口碑、持续性期望和交叉购买等结果变量，环境意识和关系长度在其中起着调节中介作用。

3. 绿色品牌消费态度和行为的影响结果

绿色品牌对消费者态度和行为的影响结果变量有转换行为、购买意向或行为和口碑宣传等。吴宏哲（Wu Hung-Che）等[118]研究发现，绿色体验质量感知由互动质量、物理环境质量、可获得性质量和管理质量四个维度构成。绿色体验质量感知显著影响绿色价值和绿色形象，最终影响绿色体验满意。绿色体验满意与绿色形象会影响消费者的绿色转换意图。巴特等[110]开展了绿色品牌权益的研究，结果表明绿色品牌权益能够激发积极的绿色品牌态度，提升绿色品牌的口碑。绿色口碑传播的信息通常被认为比公司发起的沟通更可靠，因此它强烈影响消费者的购买意愿。当被所谓的"绿色产品"包围时，消费者会感到困惑，那些具有更好的绿色口碑的产品更有可能赢得消费者的信任和提升他们的绿色购买意向[119]。同时，消费者对绿色品牌的积极口碑是绿色品牌忠诚的重要标志[96]。伯蒂希·哈亚托（Budhi Haryanto）等[120]发现价格公正、绿色品牌质量、绿色风险会影响绿色满意和绿色信任，绿色信任会影响消费者的口碑宣传，但绿色满意对口碑宣传的影响不显著。王娜等[121]研究证实了品牌真实性对品牌信任、环保自我担当及绿色购买行为皆有显著正向影响。吴宏哲和张亚元（Chang Ya-Yuan）[122]以台湾休闲农场为例分析了推动绿色宣传的驱动因素。结果发现，绿色体验质量会通过绿色体验满意和绿色流畅性感知影响绿色体验忠诚，绿色趣味感知通过绿色体验满意影响绿色体验忠诚，这些因素最终合力推动绿色宣传。洛博等[106]研究证实，品牌的绿色利益和绿色透明化会影响消费者的绿色品牌感知价值，绿色品牌感知价值会通过自我—绿色品牌联结影响绿色品牌忠诚。王晶（Wang Jing）等[123]基于中国消费情境，提出绿色酒店形象正向作用于绿色满意和绿色信任，绿色满意对绿色信任有显著影响，消费者的绿色满意和绿色信任与他们向周围的人推荐绿色酒店的意愿呈正相关。吴宏哲和郑青展（Cheng Ching-Chan）[124]以绿色酒店为研究对象，发现绿色真实性与绿色感知评价、绿色共创、绿色体验记忆、绿色体验满足、绿色激情和绿色认知需要等因素是消费者坚持消费意向的动因。

除了上述影响结果变量，也有学者对绿色品牌消费态度和行为不一致的现象进行了分析。消费者对绿色品牌的积极态度难以转化为实际的消费行为，这种绿色消费行为结果引起了学者们的关注。学者们尝试从消费者态度与行为的特点、相关研究方法和绿色品牌关系等视角分析了导致绿色品牌消费态度行为缺口形成的潜在因素，尝试弥补绿色品牌消费的态度和行为缺口。

有学者基于消费者态度和行为的特点考察绿色品牌消费态度行为差异的成因。涂阳军等[125]将内外隐态度关系理论运用于绿色消费领域，发现消费者对环保型产品存在外显和内隐两种态度。为了符合社会期望，消费者的外显态度倾向于选择环保型产品，而内隐态度却倾向于选择普通型产品，消费者的这两种态度造成了购买意向的分离。王万竹等[126]从调节聚焦视角探讨可持续消费态度与行为差异形成的原因，指出消费者个体调节聚焦的倾向存在差异，且消费者态度与行为差异发生的环节也不尽相同，应注重消费者调节聚焦和认知失调处理方式的差异性，有针对性地采用合适的信息劝说消费者转变行为。邓新明[127]依据态度—行为—情境模型发现消费者伦理购买意向与行为差距不仅受到伦理消费者主观特质的影响，还受到客观消费情境的影响。陈凯和彭茜[128]应用文献分析方法梳理了绿色消费态度行为差距产生的原因，结果发现差距的产生除了方法性原因，还有参照群体、产品、消费者能力与习惯及情境等因素。迪内希·萨马拉辛哈（Dinesh Samarasinghe）和罗希尼·萨马拉辛哈（Rohini Samarasinghe）[129]基于斯里兰卡消费情境探讨了绿色消费态度与行为缺口形成的原因，研究结果反映出以下障碍：绿色在斯里兰卡消费者心中意味着佛教哲学或宗教教育的实践，绿色是政府的责任，绿色缺乏信任、令人怀疑，绿色缺乏可获得性，绿色具有个人承诺的限制。王财玉[130]基于解释水平理论，发现在态度评价和行为选择两种不同的任务情境下，消费者与绿色产品心理距离存在差异。前者激活了高解释水平演化机制，消费者注重目标价值，品牌的绿色属性是其首要考虑因素；而后者激活的是低解释水平演化机制，消费者聚焦于目标的可行性，价格、可获得性、耐用性是消费者着重考量的因素。王财玉和吴波[131]认为绿色品牌消费是一种令消费者充满困惑的消费行为，消费者经常陷入伦理因素和现实因素的两难境地中。当绿色品牌消费涉及具体的品牌消费行为时，消费者会思考是否选择绿色品牌作为一种保护环境的策略。时间、距离也会影响消费者的绿色品牌决策。面对价格高昂的绿色品牌，由于环境恶化尚未明显地威胁日常生活，消费者可能更倾向于采取环境短视行为，即在选择品牌时不考虑品牌的环保度，而是更为关注个人利益。王晓红等[132]经过梳理与消费者态度行为差距相关的文献，发现寻求有效的干预策略来弥补绿色消费态度行为缺口的研究稍显不足。目前的研究大多关注消费者个体的绿色品牌消费行为选择，而绿色发展所需要的是从集体的传统品牌消费行为向绿色品牌消费转变，关注集体消费行为的转变是推动绿色消费模式的重要策略，也是缩小消费者绿色态度—行为差距的重要方向。

也有学者从方法性缺陷视角分析了绿色品牌消费态度行为缺口产生的原因，主要包括评分量表的缺陷和绿色品牌研究未联系具体的产品类别两大原因。在绿色品牌消费的研究中使用评分量表只能考察消费者的外显态度，难以发现消费者的隐形态度[133]。同时，消费者为了传达自身关注环保的形象，倾向于选择那些符合社会主流价值、容易赢得认同或赞许、满足社会期望的答案，从而隐藏自身真实的绿色品牌消费态度[134]。由以上研究可以发现，消费者绿色消费行为缺口的影响因素主要可分为四类：方法论缺陷；消费者的能力、习惯和人格特质；绿色产品相关要素，如产品的可获得性、产品可信度等；外在环境要素，如客观情境——干预策略、参照群体和集体消费行为等。

从聚焦具体的产品品类入手深入研究绿色品牌消费行为的影响结果是值得关注的方向。通过分析有关绿色品牌（包括所有绿色产品，不进行产品分类）购买行为的文献发现消费者内部因素（如态度、价值、关注、意识、感知有效性）、社会因素（如社会压力，家庭、朋友的态度，道德责任）和外部因素（如信息、知识、价格、便利性、品牌、质量和供应）对绿色品牌购买的影响结果不一致，这一现象引起了学者们的兴趣和关注。除了各国特色文化、经济发展和绿色产品供应的差异，另一个值得关注的现象是当受访者被问及对绿色产品（不限定产品类别）的购买情况时，绿色产品这种通用化表达易引发消费者的混淆和困惑，导致绿色产品购买的研究结果存在差异，绿色购买行为的影响因素不能平等对待，因此应考虑绿色产品间的差异性并关注绿色产品的类别[135]。而且，产品功能规格的差异性也会导致绿色购买的影响因素不尽相同[136]，因此在分析绿色购买影响因素时，产品的功能利益（优良的质量、性能和健康效益）也需要重点考虑。依据购买频率，产品可分为日常品和非日常品两类。日常品常通过零售店销售，消费周期较短且消费者参与度不高。奢侈品和耐用品的购买决策过程更为复杂，这些产品的购买频率不高[137]，因此不同绿色产品的购买频率不同，影响绿色必需品和绿色奢侈（耐用）品的决定因素存在差异。道格拉斯·R. 尤因（Douglas R. Ewing）等[138]指出指示性线索和符号性线索有助于消费者识别绿色产品的真实性，但这些线索的有效性受到基本产品类别的制约。穆罕默德·阿莫萨维（Mohammed Almossawi）[139]发现环保产品种类不同，人们对其的偏好也不尽相同。尤汉·伯纳德（Yohan Bernard）等[140]也指出消费者对不同产品类别的环保信息熟悉程度不同，并强调理解跨产品类别的消费者行为的差异至关重要。此外，不同绿色产品的购买动机和目标也存在差异。吉诺瓦特·里奥比肯（Genovait Liobikien）等[141]认为，考虑到产品的不同类别，有必要强调产品的特殊性。例如：有机食品购买行为最为关注的是健康、口味、安全和环保[51]；绿色奢侈品和耐用品更为关注价格、质量和品牌因素；节约能源和家庭开支是购买和消费节能灯泡和电器的主要动机[142]。还有学者认为，增强身份地位可能是购买环保服装和时尚绿色商品的主要动机[143]。由以上绿色产品类别聚焦化的绿色购买行为研究文献可以发现，目前学者们指出产品的品类，产品功能与规格的差异性，消费者对不同产品品类的环保偏好、购买频率、熟悉度、购买动机和目标差异性等因素是导致绿色产品购买行为研究需聚焦产品类别的原因。

（四）品牌推崇的研究动态

品牌推崇的研究主要包括品牌推崇的形成机制、品牌推崇的影响因素和品牌推崇与其他相关概念的区别三个方面。

1. 品牌推崇的形成机制

品牌推崇既能提升消费者与品牌的黏性，又能提高品牌的传播效率。深入挖掘品牌推崇的作用机理有助于企业赢得持续竞争优势。

为了更好地理解消费者—品牌关系的本质如何影响品牌推崇这种强烈的品牌支持行为，诸多学者进行了有益的探索。丹尼尔·斯卡皮（Daniele Scarpi）[144] 分析了网络社群的品牌推崇行为，发现社群认同会通过品牌情感和社群忠诚形成品牌忠诚、品牌推崇和社群推崇等行为。贝塞拉和巴德里纳拉亚南[54] 的研究结果表明品牌信任能正向影响品牌推崇。伊维·李维特斯-阿尔克索（Iivi Riivits-Arkonsuo）等[145] 运用体验金字塔模型分析消费者从初次体验到品牌推崇的形成原因。研究结果表明，品牌多感官的互动、有意义的体验有助于深化消费者对品牌真实性的理解，升华品牌认同，创造了品牌推崇者形成的条件。穆罕默德·哈菲兹·阿布德·拉希德（Muhammad Hafiz Abd Rashid）等[146] 将公平理论运用于服务补救情境中，服务补救会通过重获服务满意影响品牌推崇。弗朗西斯·马特考特（Francois Marticotte）等[147] 以高清晰度视频游戏行业为例，发现品牌忠诚、品牌社群认同和自我联结影响品牌推崇，品牌推崇者会对竞争品牌采取"说坏话"（trash-talking）等伤害行为。允凯（Yoon Kak）[148] 探讨了 SNS 时代真实性类型和信息来源对品牌推崇的影响，研究结果表明沟通真实性、表现真实性、社交真实性与消费者的参与程度显著相关，不同信息渠道或信息传递者（如朋友或专家）会影响消费者—品牌推崇，是形成品牌推崇者的重要原因。

2. 品牌推崇的影响因素

关于品牌推崇的影响因素主要集中在品牌特征、消费者的人格特质和消费者—品牌关系等方面。珍妮·罗马纽克（Jenni Romaniuk）和拜伦·夏普（Byron Sharp）[149] 指出品牌显著性对品牌推崇具有积极的直接影响。值得注意的是，品牌显著性越强，品牌在消费者心中"最前沿"的可能性越大，越易形成品牌忠诚，消费者越有可能成为品牌推崇者。马茨勒等[8]以汽车产品为实证，发现品牌热情越来越被视为消费者与品牌之间的终极情感联系，具有外向型人格特质的消费者对品牌更热情，更容易产生品牌推崇行为。克里斯特·R.斯维姆伯格（Krist R. Swimberghe）等[150]认为品牌热情（brand passion）是一种品牌与自我身份的内化过程，对品牌推崇有正向的影响。多斯[55]发现，品牌满意度可直接影响品牌推崇，也可以通过消费者的品牌认同间接影响品牌推崇。万达尤利·里奥里尼（Vandayuli Riorini）和克里斯蒂内·卡图尔·维达亚迪（Christine Catur Widayati）[151]以商业银行服务为研究对象，发现品牌信任、品牌涉入、品牌认同、品牌承诺等品牌关系变量正向影响品牌推崇。随着网络社交传播媒体的不断发展，在线网络社群被视为有助于整体品牌成功的有益途径。针对在线品牌社群情境，汉斯尼扎姆·沙利亚（Hasnizam Shaaria）和伊坦·沙非纳兹（Intan Shafinaz）[152]分析了品牌契合度和品牌社群承诺对品牌推崇的影响。

由此可见，良好的品牌体验导致积极的品牌情感，内化为亲密的消费者—品牌关系，进而升华为品牌推崇。品牌推崇在升华过程中还会受到推崇者自身特质和品牌特征等因素的影响，主要流程如图 2-2 所示。

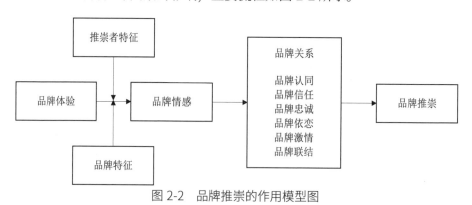

图 2-2　品牌推崇的作用模型图

3. 品牌推崇与其他相关概念的区别

关于消费者品牌决策行为的研究不断深入，涌现出了诸多消费者反应的类似概念，如正面品牌口碑、品牌忠诚、品牌至爱及品牌共鸣等。虽然品牌推崇与这些概念间存在交叉与重叠，但如能准确、深入地理解品牌推崇与诸多概念间的异同，将有助于学者明晰品牌推崇的内涵，同时帮助企业更好地制定品牌战略。依据本研究的研究目标，以下对品牌推崇、正面品牌口碑、品牌忠诚和品牌共鸣四个相关概念进行对比分析。

品牌推崇与正面品牌口碑存在一定的相似性，二者都是消费者关于某一特定品牌要素的一种双向信息沟通行为，这种非正式的人际沟通能影响潜在的消费者。但是，二者的基本内涵和传播目标不同。正面品牌口碑是指消费者之间交换有关品牌的正面信息，传递可信的消费体验，并将品牌推荐给其他潜在顾客。品牌推崇不仅指积极、自发地推荐所钟爱的品牌，还包括努力说服他人一同购买此品牌。正面品牌口碑虽然会提升消费者的购买意愿，但其目标不是改变他人的态度认知和决策行为；而品牌推崇强调消费者对品牌的狂热传播，极力劝导他人购买其钟爱的品牌。正面品牌口碑仅仅是消费者彼此之间分享品牌经验的途径，其对品牌的认同度远不及品牌推崇；而品牌推崇来自消费者对中意品牌的高度评价和持久依恋，消费者是品牌的"粉丝"和"后援团"，他们会热情地说服更多的消费者加入中意品牌的"粉丝群"，为自己所钟爱的品牌招揽更多的顾客。与正面品牌口碑相比较可以发现，品牌推崇是更高阶的正面品牌口碑。

品牌忠诚关乎企业的营利与生存，是企业绩效的重要变量[153]。品牌忠诚也是消费者反应中研究较多的结果变量，可分为态度忠诚和行为忠诚，体现在消费者对特定品牌的钟爱和承诺上，具体行为是持续性地购买同一品牌。虽然购买行为是品牌忠诚和品牌推崇共同的重要维度，但二者却存在较大差异。品牌忠诚是消费者因品牌体验或品牌满意而形成的对品牌的态度和行为，是消费者自身的一种倾向性和长期性的稳定购买行为。除了忠诚度极高的购买行为，品牌推崇还存在热情地劝导他人一同购买钟爱品牌等特征。品牌忠诚是消费者自身与品牌的关系联结，而品牌推崇不仅涵盖消费者自身的维度，还囊括了消费者群体之间的关系纽带。

若品牌的功能属性、象征属性等诸多要素不断令消费者形成正面的感知，消费者会深化与品牌的关系，进而随着关系的深入与进展，逐渐超越购买忠诚层次，达到品牌共鸣（brand resonance）。品牌推崇和品牌共鸣都是品牌忠诚的延伸，但二者存在诸多不同。从概念内涵上看，品牌共鸣反映品牌在消费者心理层面的强度和深度[153]，是一个层次性的概念。凯文·莱恩·凯勒（Kevin

Lane Keller）[154] 依据共鸣的强度和深度将品牌共鸣分为四个阶段，即行为忠诚度、态度依附、社区归属感和主动融入。当消费者对品牌共鸣的前三个元素得到满足时，就会积极主动地加入品牌社区[155]。品牌推崇主要包括忠诚的购买行为、宣扬焦点品牌和说服他人使用焦点品牌等内涵，且这三者是并列平行的关系，共同构成品牌推崇的关键维度。品牌共鸣衡量消费者与品牌的同步程度，是一个发展递进的概念；而品牌推崇是品牌关系管理的高阶状态，是一个相对确定的概念。

品牌推崇与正面品牌口碑的主要区别在于传播的强度和导向性。品牌推崇传播的强度、主动性和目的性比正面品牌口碑更强。品牌忠诚可视为品牌推崇的一种外在表征和前因，与品牌共鸣的主要区别在于品牌共鸣描述消费者的自我心理强度和行为表现，不涵盖其对他人消费行为的影响。品牌忠诚和品牌共鸣都是消费者与品牌二者间的互动行为，属于角色内行为。品牌推崇不仅与品牌的产品或服务互动，还与其他消费者发生信息交互；消费者既涵盖角色内行为，又涵盖角色外行为。

（五）文献评述

通过对品牌真实性、绿色建材、绿色品牌及品牌推崇相关文献的回顾，能够发现品牌真实性在理解和预测消费者绿色品牌推崇中的重要作用。

目前，对品牌真实性的研究已具有一定的基础，但相关研究并没有结合绿色建材的产品特点和消费特点，而绿色建材的特殊性决定了绿色建材的品牌真实性与其他品牌真实性的内涵和维度存在本质差异，后续研究有必要结合绿色建材的产品特点和消费特点重新挖掘品牌真实性的维度和语义量表。

在绿色建材领域，已有的对绿色建材的研究主要集中在绿色建材概念和绿色建材评价两方面，其主要局限在于缺少在市场营销领域从消费者行为的视角分析和界定绿色建材的概念和主要特征，后续研究需从这个视角出发开展品牌真实性对绿色建材品牌推崇的相关研究。

在绿色品牌领域，针对绿色品牌消费态度和行为的相关影响因素主要集中在消费者特征、绿色品牌特征和消费者—绿色品牌关系等方面，其主要局限：这些相关研究的主体均是广义的绿色品牌（较少结合具体产品品类开展针对性研究），其研究结论的普适性需要商榷；针对绿色品牌消费行为态度和行为的相关影响结果的研究主要集中在购买意向、转换行为和口碑宣传上，鲜有以绿色品牌推崇为结果变量的研究。聚焦绿色产品品类的重要性为深入研究绿色品牌推崇的相关影响因素提供了良好的思路。

在品牌推崇领域，品牌推崇将促进品牌消费行为转变的主体从品牌方转向消费者，更容易被消费者信任和接受，为绿色建材品牌消费研究提供了新的视角。但是，这些研究内容没有结合绿色品牌的独特性和差异性开展绿色品牌推崇的相关研究。虽然这些研究成果对品牌真实性对绿色建材品牌推崇的影响研究起到了一定的引导作用，但品牌真实性对绿色建材品牌推崇的影响机理并不明确，还存在一些需要完善和优化的空间。

三、相关的理论基础

（一）线索利用理论和怀疑理论

1. 线索利用理论

线索利用理论（cue utilization theory）由考克斯（Cox）[156]在1967年首次提出，其研究的是消费者在消息不对称的条件下进行决策的问题。该理论认为，消费者在进行决策时会将线索与产品连接，线索预示着产品的真实程度。线索利用理论可视为消费者依据某些特殊的提示性线索判断产品真实性的手段。在品牌消费情境下，品牌被认为是由不同类别的能被消费者用来度量品牌真实性的线索的集合。品牌真实性是一系列线索的函数，消费者利用这些线索来评价品牌真实性。线索被视为有效识别品牌真实性的强有力的工具或方式，主要分为两种。第一种是指示性线索，指一个品牌或其行为的属性信息，被认为是客观性的来源，并提供了一个品牌主张的验证方式；第二种是符号性线索，指与品牌的营销和促销等相关的线索，传达的是一种影响品牌真实性的感觉或情感印象，如一个品牌的广告或设计特征，这些特征会让人们对该品牌的本质产生印象。

2. 怀疑理论

怀疑理论是一个人不信任或怀疑他人的总体倾向[157]。尽管一些研究人员将怀疑论视为一种人格特征，但大多数研究人员都把它作为一种独立于性格特征的可被情景因素诱导的消费状态[158, 159]。例如，路易斯·A. 莫尔（Lois A. Mohr）等[160]认为怀疑主义是一种随着交流的场合和内容而变化的认知反应，并将怀疑论概念化为一种特定于某种情境的不持久特征，它能在产品质量、价格、广告和销售等方面影响消费者的情绪。

在商业管理领域，怀疑论已经被证实与有机广告中的产品和环保主张相关[161]，并延伸出了消费者怀疑的概念。消费者怀疑是一种消极反应，指个体怀疑、不信任和质疑企业价值主张和动机的一种倾向[162]，随着个体及沟通情境的不同而发生不同程度的认知和行为响应[163]。通过与企业的商业互动，消费者学会了识别广告宣传的真实性，并开始怀疑其真实性[164]。因此，怀疑主义可能是一种市场状态，所有的消费者对企业的行为都有一定程度的怀疑。这种怀疑可能来自企业主张、感知到的企业动机、承诺收益和绩效的真相，以及企业的诚意。当消费者对企业的真实动机产生怀疑时，就会感觉到企业对自己不真诚，进而产生消极的、自私自利的思考[165]。

（二）认知—情感—行为模型和精细加工可能性模型

1. 认知—情感—行为模型

认知—情感—行为模型（cognitive affect behavior model, C-A-B）的组成部分——认知（cognitive）、情感（affect）和行为（behavior）可以按不同的顺序排列，这三个组成部分的排列顺序通常取决于消费决策的类型。本研究选择标准学习层次结构（认知在前，情感居中，行为最后）的顺序，主要包括以下两个原因：首先，该顺序的三个组成部分相互对应并朝同一方向流动，是常见的顺序之一[166]；其次，此顺序被广泛应用于消费者行为研究，包括忠诚度研究和消费者说服层次模型。因此，根据 C-A-B 理论，决策始于认知（个人信仰、想法和感知、意义或其他）对某一特定问题或物体的态度，其次是情感（个人对某一问题或物体的感觉或情感）并导致行为（行为意图或实际行动）。

2. 精细加工可能性模型

精细加工可能性模型（elaboration likelihood model）的核心思想是个体对决策对象的涉入程度越低，其处理和思考信息的动机就越弱。他们会选择与决策对象本质关联度不大和直观的边缘线索（边缘路径），从而放弃搜寻或考虑与对象本质有关的和重要的关键线索（中心路径）进行决策，这也导致个体依据此路径所形成的决策态度飘忽不定。当消费者接触到产品信息时，会通过中心路径（central route）和周边路径（peripheral route）两种途径影响态度和信念，因此精细加工可能性模型常被视为态度说服的综合模型[167]。具备充足的产品知识的消费者通常有较强的能力和动机，进而发生信念或态度的转变，最终改变行为，这类消费者适合选择中央路径。当无法深入理解或分析产品信息时，消费者倾向于关注产品的周边信息，借助周边的信息或线索形成与转变态度，这类消费者适合选择周边路径（图 2-3）。

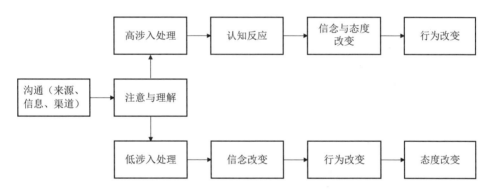

图 2-3　精细加工可能性模型图 [167]

（三）扎根理论与 BP 神经网络

1. 扎根理论

扎根理论是一种特别适合于探索理论支撑不足的现象或问题的定性研究方法。扎根理论从实际观察入手，通过逐步收集、概括和归纳文献资料、访谈记录、案例报道或调查数据等原始资料，结合数据编码方法提炼出研究现象或问题的概念和范畴，总结、归纳出研究现象或问题的理论模型。扎根理论从原始资料的收集到概念范畴的提炼，再到理论模型的确定需遵循三类编码的规范流程。其中：开放式编码是指通过对原始资料去粗取精，识别出具有代表性和典型性的相关初始概念；主轴编码是指整合分散或独立的相关初始概念，提炼出反映事物现象本质的主范畴；选择性编码则是将核心范畴和其他范畴联系起来，反复斟酌、补充和完善范畴之间的关系，抽象出理论模型[168]。

2. BP 神经网络

神经网络是一种模拟大脑神经网络结构和功能的计量模型，用于对函数进行估计或近似的机器学习技术。BP（back propagation）算法是一种有效解决多层网络学习问题的误差反向传播学习算法，采用 BP 算法训练的神经网络称为 BP 神经网络。与传统的回归分析和结构方程等数理研究方法相比，BP 神经网络具有三大突出优势：首先，具有优良的非线性映射能力，不需要建立数学方程式就能进行学习和存储输入输出映射关系，能模拟人脑处理复杂的信息系统；其次，具有柔性的网络结构，对变量的限制较少，能灵活适应各种复杂模型；最后，具有自组织性和强大的自学习能力，能通过学习算法自动调整网络权重值，使输出值尽量接近期望值。

四、本章小结

本章梳理了品牌真实性、绿色建材、绿色品牌和品牌推崇的相关文献，界定了品牌真实性、绿色建材、绿色建材品牌、绿色建材品牌的真实性和绿色建材品牌推崇等相关概念，对这些概念的解构为后续的研究设计奠定了基础。本章还介绍了绿色品牌消费行为的相关理论，如线索利用理论、怀疑理论、认知—情感—行为理论和精细加工可能性理论，这四种理论为绿色建材品牌推崇的行为建立了理论脉络；同时介绍了扎根理论和神经网络等方法的内涵和特点，为品牌真实性对绿色建材品牌推崇的影响研究提供了方法支撑。

第三章　研究模型的构建

本章基于相关文献的梳理和总结，筛选出品牌真实性对绿色建材品牌推崇影响的关键性变量，并依据相关变量间的关系提出相应的研究假设。在研究假设的基础上结合绿色消费行为理论，建立品牌真实性对绿色建材品牌推崇的影响研究模型。

一、研究模型构建的理论依据

环保关注促使消费者追求环境友好的生活方式，对绿色消费的需求也逐渐提升，学者们试图通过行为理论理解消费者进行绿色消费决策的潜在动机和影响因素。河洪烈（Ha Hong-Youl）和斯温德尔·詹达（Swinder Janda）[169]以理性行为理论为基础，在探讨购买节能产品行为意图的研究中发现消费者对节能产品的态度和消费者的主观规范均能影响购买意向，且前者对购买意向的影响强度大于后者。康杰（Kang Jie）等[170]关于绿色纺织品和服装消费的调查研究表明，消费者知识、消费者感知有效性和个体相关性感知影响消费者的态度，且消费者对购买和穿着有机棉服装效果的信念影响了他们的购买意图。塔希尔·阿尔巴拉克（Tahir Albayrak）等[171]基于计划行为理论，探索了环境关注和环保怀疑对绿色消费的影响。研究结果表明，对环境关注程度高、怀疑程度低的顾客对绿色消费表现出积极的态度，具有较高的积极主动规范和感知行为控制水平，这会激励他们在不久的将来产生更强的意愿成为绿色消费的践行者。王耀芬（Wang Yao-Fen）和王仁中（Wang Chung-Jen）[172]基于计划行为理论，整合企业承诺、自我身份和道德责任预测绿色食品和饮料的消费行为，发现企业承诺、行为控制感知和绿色知识感知是影响绿色食品与饮料消费的关键因素，企业承诺在主观社会规范对行为控制感知和绿色食品与饮料的消费行为中起着中介作用。

尽管这两大理论模型有效地证实了消费者的环保价值、态度、信念和感知对购买意向或实际购买行为的影响，但也存在一些不足。例如，学者们逐渐发现虽然消费者对绿色品牌持有积极态度，但他们不太愿意改变常规的消费模式去选择环境友好的绿色产品，传统消费行为向绿色品牌消费行为转变的概率较小。此外，消费者态度和行为之间的作用机理非常复杂，还受到消费者—品牌关系质量、消费者人格特质、绿色消费情境等因素的影响，这会导致这两大行为理论难以有效地预测绿色消费行为。陈瑞奇（Chan Ricky）和洛雷特·刘（Lorett Lau）[173]开展了中国消费者的绿色购买行为决定因素研究，指出态度和情感成分均能显著影响绿色消费行为，但两种成分对绿色消费行为的影响迥异，后者对绿色消费行为的影响强于前者。安德里亚·K. 莫泽（Andrea K. Moser）[174]基于计划行为理论框架，识别日常绿色购买行为的影响因子和相对重要性，结果表明支付意愿是绿色日常购买行为的主要驱动力，其次是个人规范，态度对绿色日常购买行为的影响不显著。因此，以消费者的绿色品牌情感预测其绿色品牌行为更为有效与准确。基于此，本研究设计了品牌真实性对绿色建材品牌推崇影响研究的作用模型，该模型主要理论依据如下。

1. 线索利用理论

肯特·格雷森（Kent Grayson）和拉丹·马提尼克（Radan Martinec）[175]指出，指示性线索的相关解释变量是影响品牌真实性认知的前因。指示性线索指的是为消费者提供证据的品牌所声称的属性。在缺乏有关绿色建材品牌的客观信息（如品牌历史、原产地、生产工艺）的情况下，消费者可能会将实际的品牌行为作为信息源。因此，品牌真实性的感知可能由相关指示性的客观事实（如品牌的行为）决定。以透明和公开为特征的绿色透明化是绿色建材品牌赢得真实性认知的一种品牌行为表现。尤因等[138]证实了使用保证品牌绿色度的各种标签（如环保标志）和使用有风格化的品牌绿色度（如有机外观的包装材料）对品牌真实性有积极的影响。劳伦斯·卡珊娜（Laurence Carsanaa）和艾伦·若利贝尔特（Alain Jolibert）[176]的研究也证实了符号性线索（标准的自有品牌名称 /溢价）和指示性线索（无标签 / 有标签）能够影响感知品牌真实性（图3-1）。

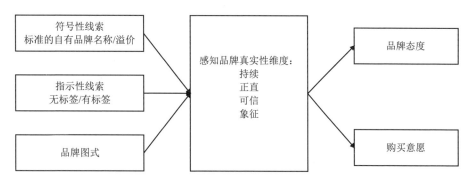

图 3-1 品牌真实性感知的前因和结果 [176]

2. 怀疑理论

将消费者怀疑扩展到绿色消费情境中，吴施广（Goh See Kwong）和巴拉吉（Balaji）[166] 提出了绿色怀疑的概念，并将绿色怀疑主义界定为一种状态，即怀疑绿色品牌环保主张或环保性能的倾向。绿色怀疑不是消费者对绿色品牌稳定性或持久性的不信任，持怀疑态度的消费者对绿色品牌的反应还可能会根据情况和情境有所不同 [177]。埃曼努埃尔·K. 伊力多（Emmanuel K. Yiridoe）等 [178] 指出，消费者对绿色产品的怀疑源于对产品的错误标签、误解和歪曲，部分源于有机产品标准和认证程序的不统一。因此，尽管消费者可能想购买绿色产品，但怀疑其环保表现可能会阻止他们这样做。维姆·埃尔文（Wim Elving）[162] 的结论是持怀疑态度的消费者更可能将广告或包装标签中的绿色主张归为外部原因，如为了营利或改善公司形象。消费者对企业动机的怀疑会导致消费者产生对企业和绿色产品的消极态度，如降低真实性感知和给出负面评价。康斯坦丁诺斯·N. 利昂尼多（Constantinos N. Leonidou）和戴奥尼索斯·斯卡米尔斯（Dionysis Skarmeas）[179] 使用归因理论审视绿色怀疑主义的前因和后果（图 3-2），发现绿色规范、企业社会责任信念和绿色历史决定了绿色怀疑主义的内在和外在动机，而且绿色怀疑会影响消费者的信息收集、负面口碑和购买意愿。

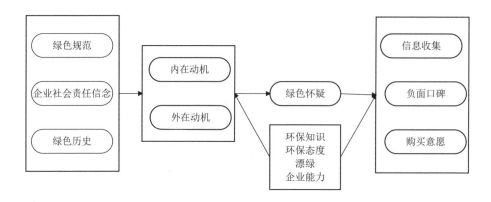

图 3-2　绿色怀疑的前因和后果模型 [179]

绿色建材品牌行为可能还存在一种表现形式——企业丑闻（如假冒伪劣、"漂绿"和伪善丑闻），这会导致人们对绿色建材品牌产生绿色品牌怀疑等相关负面评价，这些评价会影响消费者对绿色建材品牌真实性的判断。

3. C-A-B 理论

C-A-B（认知—情感—行为）理论已被用来分析购物体验和品牌选择过程。C-A-B 理论认为消费者认知决定着消费者情感，反过来影响消费者的行为。陈瑞奇和洛雷特·刘[180]针对中国消费者的调查显示，具有对生态问题更强烈的情感回应的消费者更易参与亲社会行为或者减少非环境友好产品的购买。艾蕾娜·法拉基（Elena Fraj）和艾娃·马丁内斯（Eva Martinez）[181]认为，担心环境的人更愿意为了生态原因改变他们的习惯和更可能成为积极环保的公民。阿纳斯塔西奥斯·帕加斯利斯（Anastasios Pagiaslis）和阿萨纳西奥斯·克里斯塔利斯·克隆纳塔利斯（Athanasios Krystallis Krontalis）[182]指出，消费者的环境关注影响他们购买绿色能源产品的意向或愿意为绿色产品支付的溢价。余柳（Yu Liu）等[183]认为在 C-A-B 这个模型中，认知先影响情感再影响行为，具有亲环境态度或信仰的个体可能表现出担忧环境的状态，反过来又会产生支持环保的行为（图 3-3）。

图 3-3 认知—情感—行为模型 [183]

依据 C-A-B 理论，在消费者与绿色建材品牌的互动过程中，绿色品牌透明化和绿色品牌怀疑会强化消费者的绿色建材品牌真实性认知，这些真实性认知通过影响消费者的绿色建材品牌情感回应引发相应的绿色建材品牌行为（如排他性购买、品牌忠诚、品牌推崇）。

4. 精细加工可能性模型理论

精细加工可能性模型特别适用于将基于认知的机制整合到相关的绿色建材品牌消费行为中。消费者可以从线上或线下渠道获得大量的绿色建材品牌的产品、服务、属性、价格和广告等信息，形成绿色建材品牌知识，帮助自己进行品牌决策行为，这时消费者认知需要的差异会影响信息加工的路径选择。具有高认知需要的消费者优先考虑绿色建材品牌（中央路径）因素，形成坚定的品牌行为；具有低认知需要的消费者往往不愿意深思熟虑，从而选择绿色建材广告中的次类因素（周边路径）处理信息，产生的品牌态度和行为也不稳定。杰米·巴登（Jamie Barden）和理查德·E. 派蒂（Richard E. Petty）[184] 研究证实拥有更高认知需要的个体会更大程度地处理信息，且经过长时间的信息处理后制定的决策通常是他们深思熟虑的结果，因此他们更加确定自己的感受或态度。弗朗西斯科·哈维尔·蒙特罗 - 里奥斯（Francisco Javier Montoro-Rios）等 [185] 基于精细加工可能性模型构建了环保信息处理的双重中介模型，分析消费者处理环保绩效信息的路径，以及这些信息对消费者品牌态度改善的相对影响（图 3-4）。研究表明，拥有环保信念的消费者在选择环保绩效信息的处理路径时会优先考虑品牌等核心因素（中央路径），而不是广告等次类因素（周边路径），且环保联想作用于品牌态度的过程受到产品类别和品牌的制约。因此，在研究环保联想对品牌态度的作用时需考虑产品类型和品牌。

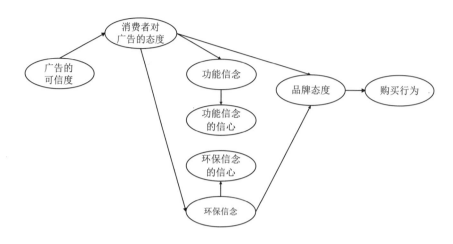

图 3-4　环保信息处理的双重中介模型 [185]

通过梳理上述理论依据，本研究认为：绿色建材品牌行为（如透明化、丑闻）等相关指示性线索影响绿色建材的品牌真实性认知；绿色建材的品牌真实性认知会引发绿色建材品牌情感，进而引发随后的绿色建材品牌行为。品牌真实性通过两条路径改变消费者的绿色建材品牌行为：一条是中央路径，即绿色建材品牌推崇行为的改变是基于"对绿色建材品牌真实性本质或核心信息的积极思考"；另一条是周边路径，是依据"绿色建材品牌真实性的边缘信息"进行简单判断和情感反应的结果。具有不同程度的认知需要的消费者加工信息模式不同：高认知需要的消费者通常会通过中央路径影响绿色建材品牌推崇行为；低认知需要的消费者往往通过周边路径影响绿色建材品牌推崇行为。

二、研究变量选取

（一）绿色透明化

绿色透明化是指绿色品牌明确提供其环境政策的相关信息，坦率地承认生产过程对环境的影响。绿色透明化体现在绿色品牌信息的可获得性、有效性和准确性上，不仅包括绿色品牌产品、价格、功能等方面的全部真实信息，还包括品牌环保性和品牌如何实现环保性的信息。绿色建材的品牌真实性反映了消费者对绿色建材品牌利己性、利他性及履行承诺等方面的认知。在二者的对话过程中，由于信息不对称，普通消费者无法完全掌握绿色建材品牌的原材料来源、生产环境、工艺流程及产品的环保性等"内幕"信息，部分生产者及销售商往往"报喜不报忧"，消费者难以掌握品牌的全部真实信息，更无法检测、验证绿色建材品牌的环保性能，因此体现绿色建材品牌信息真实面貌的绿色透明化成了绿色建材品牌真实性评价的重要基础。

绿色透明化对绿色品牌消费行为的重要性逐渐引起了学者们的关注。内尔·沃戈纳姆（Nel Wognum）和哈里·布雷默斯（Harry Bremmers）[186]认为可持续食品供应链最基本的要求是透明化。莫特扎·马莱基·明巴斯加格（Morteza Maleki Minbashrazgah）等[187]以绿色鸡肉产品为研究对象，发现虽然绿色标签会缩小生产者和消费者之间的信息差距，但消费者对于标签信息的信任程度更为重要。绿色透明化有助于缩小绿色品牌的消费态度和实际消费行为的差距，绿色产品的价格透明化在绿色产品的购买意向和购买行为之间起着正向调节作用。阮氏省（Thi Ninh Nguyen）等[188]认为，品牌滥用标签和缺乏透明度会导致消费者对品牌的绿色环保标签和质量保证持怀疑态度，同时消费者在购物时也很难识别环保产品。若传递一些关于绿色价值的说服性信息，如减少二氧化碳排放量和保护自然资源的数据，就能够传达清楚和诚实的绿色产品信息。范良新（Fan Liangxin）等[189]研究发现：价格高、信息不透明、具有负面影响和沟通不畅是节能洗衣机的主要选择障碍；促进节能洗衣机采购需要提高信息透明度，有效地沟通节能洗衣机的效益和成本。消费者在购买绿色产品时通常会评估成本和收益，绿色建材品牌的价格通常比非绿色建材品牌更贵，消费者需要获得更详细的信息来进行绿色建材品牌决策。只有当消费者相信绿色建材品牌提供的利益和价值超过了替代产品提供的利益和价值时，才可能践行绿色消费。消费者需要透明与直观的绿色建材品牌信息，这些信息会提高消费者对绿色建材品牌的真实性评价。

玛丽安·雷诺兹（MaryAnn Reynolds）和克里斯蒂·尤哈斯（Kristi Yuthas）[190]认为绿色透明化有助于消费者理解公司绿色行为的动机，这一观点也得到了后续研究者的认同。安东尼奥·瓦卡罗（Antonino Vaccaro）和达莉亚·帕蒂诺·埃切弗里（Dalia Patiño Echeverri）[191]进一步提出：绿色透明化会削弱"漂绿"的负面影响，缓解消费者对企业绿色行为的怀疑态度；消费者对企业绿色行为的深入理解反过来又会影响消费者的环保意愿或行为。冯富龙（Feng Fulong）[192]提出，只有关注一个公司是如何将它的绿色政策融入其业务中的，才能了解它是否真正为地球的可持续发展做出了实际贡献。此外，企业对环境、社会和道德的相关承诺是影响消费者积极评价的关键因素[193]。因此，如果绿色建材品牌向消费者提供如何践行绿色行为的相关信息，不仅会让消费者察觉到绿色建材品牌的内在动机是道德、伦理和环保的，而且会强化消费者对绿色建材品牌的理解与认识。建材品牌的这些绿色透明化行为会提升消费者对绿色建材品牌的真实性认知，可见绿色透明化是绿色品牌真实性研究不能忽视的重要内容，本研究将绿色透明化视为品牌真实性影响绿色建材品牌推崇的重要前因变量。

（二）绿色怀疑

除绿色品牌的透明化外，消费者对绿色品牌的怀疑同样构成了绿色建材品牌真实性的重要前因变量。已有研究证实，企业的"漂绿"和不负责任的环境行为是导致人们对绿色产品的环境绩效及效益不确定和怀疑的关键原因。这些行为导致消费者不信任绿色主张，质疑企业绿色化动机和承诺的环保利益，进而引发消费者对绿色品牌真实性和企业真诚的怀疑，这种现象被莫尔等[160]称为绿色怀疑，并将其定义为消费者对公司绿色主张的怀疑或质疑。吴施广和巴拉吉[166]将绿色怀疑定义为一种对绿色产品的环保主张或环保绩效产生怀疑的状态，是对绿色产品的环境主张持否定或怀疑态度的特定情境下的消极态度。这个观点也得到了后续研究者的认同。吴宏哲等[194]提出了一个新的概念——绿色品牌怀疑，并将绿色品牌怀疑定义为一种怀疑品牌产品的环保主张或环保表现倾向的状态。

埃姆雷·乌鲁索伊（Emre Ulusoy）和保罗·G.巴雷塔（Paul G. Barretta）[195]指出，因为品牌存在"漂绿"行为，所以具有环保意识的消费者会怀疑品牌的环保主张，认为品牌的绿色主张不是真实可信的。依据社会交换理论，绿色怀疑"贬低"了品牌的环保主张，削弱了二者之间的依赖关系，威胁到了绿色品牌真实性评价。随着绿色供应的增加，消费者对企业绿色动机的怀疑程度也随之提升[178]。王雪琴（Wang Xueqin）等[196]指出，实际上人们普遍担心企业一直传播不完整甚至是误导性的环保信息，却对消费者隐瞒了真正的商业动机。企业的过度宣传往往会令消费者怀疑企业背后的绿色动机，对绿色产品的环保性产生怀疑，这种对产品的怀疑会加剧消费者的不作为，极大地破坏绿色消费行为。当绿色品牌广告或绿色品牌的营销主张不一致，或当绿色品牌主张难以证实时，消费者就会产生绿色品牌怀疑。当绿色建材产品同传统产品在功能表现、质量、便利性和价格等核心属性方面一样令消费者满意时，消费者才会选择绿色建材产品。消费者绿色产品购买决策和支付意愿的背后是绿色品牌优异的环保表现。绿色怀疑阻碍消费者对绿色建材品牌诸多属性的权衡与比较，进一步左右其对绿色建材品牌真实性的评价。可见，绿色怀疑是品牌真实性影响绿色建材品牌推崇的重要前因变量。

（三）自我—品牌联结

自我—品牌联结是指消费者将自我融入品牌、依托品牌映射或表达自我的程度，它反映消费者自我与品牌之间的契合程度[197]。陈德明（Tan Teck Ming）等[198]指出，自我—品牌联结是消费者—品牌关系的重要组成部分，也是双方建立高度认同的桥梁。首先，自我—品牌联结受到品牌内部群体或者外部群体联系的影响，导致自我—品牌联结或自我—品牌分离，涉及品牌的复杂感受，因此与品牌评价的主观感受有关。其次，因为消费者与品牌建立独有的统一感需要时间，所以自我—品牌联结被认为是一种消费者长期参与建构的结果。最后，自我—品牌联结是一种亲密的品牌关系，它解释了品牌与消费者之间的关联，不同的关联程度会导致不同程度的消费者—品牌关系。

但是，自我—品牌联结的形成需要一定的条件，即只有当品牌具有消费者认可或喜爱的属性与价值时，他们才可能将该品牌与自我概念融合，助推或演化为自我—品牌联结。当消费者不确定如何进行身份建构和自我表达时，具备真实性的品牌就会成为消费者的首要选择，品牌的象征或符号意义就成为其自我表达的载体。可见，品牌真实性是预测消费者消费意向与行为的重要线索。依据精细加工理论，消费者在与绿色建材品牌对话的过程中，当获得了更多与绿色建材品牌相关的产品细节、更透明的绿色线索、更丰富的品牌体验时，消费者更可能启动自我相关的心理活动，绿色建材品牌会有更大概率获得更多的真实性认知加工，更容易融入消费者的心理认知中，进而形成自我—品牌联结。王海忠和闫怡[199]基于认知关联理论的研究指出，自我与品牌两个概念具备形成正向联结所需的条件——偏好、独特性和强度。在绿色品牌消费情境中，相对于普通品牌，绿色品牌的利他性、环保性所蕴含的品牌形象更具独特性，消费者人格特质中的自我中心主义倾向又促使其偏好与自我形象一致的品牌形成心理联结。因此，消费者通过自我相关的心理加工与绿色品牌形成了心理联结。

利泽尔 - 玛丽·范·德·维斯图伊曾（Liezl-Marié van der Westhuizen）[200]指出，自我—品牌联结是非常主观的、个人驱动的品牌关系，自我—品牌联结的强度取决于品牌在多大程度上体现消费者的象征。也就是说，品牌具有一些与消费者自我相关的象征意义。消费者偏好那些契合自我形象的产品或品牌，更容易与帮助他们建立或代表自我期望的品牌形成品牌联结。真实性品牌是一种能帮助消费者寻找生活意义和自我定义的资源象征，绿色建材品牌的环境友好性和真实性所代表的真诚可信的品牌形象加强了消费者独特的、符合自我形象的心理联结，故绿色建材的品牌真实性也能增强自我—品牌联结。

（四）认知需要

认知需要关注个人进行认知信息处理的背后动机，体现了"参与和享受思考的倾向"，能够制约个人对信息处理的广度和深度[201]。派蒂等[202]将认知需要定义为"人们在参与和享受费力的认知活动的程度上存在差异的倾向"。约翰·T. 卡乔波（John T. Cacioppo）等[203]研究指出，当人们形成态度时，他们参与相关问题的信息处理（思考和感觉）的倾向存在系统性的个体差异。认知需要被认为是独立于认知能力的，即使在认知能力受到控制的情况下，认知需要仍然保留其预测能力。依据精细加工可能性理论：高认知需要的消费者更倾向于遵循中心路线，在深度加工处理品牌的相关信息或线索后形成品牌态度；低认知需要的消费者受边缘化信息的影响更大，更倾向于进行浅层次信息处理。孙瑾和张红霞[204]提出，消费者经过信息加工后进行品牌决策，认知需要水平的高低与其处理品牌信息能力的强弱相对应，认知需要水平影响着消费者的品牌决策表现。刘建新和李东进[205]认为，在低认知需要水平下，消费者在进行消费决策时更多地依据感知风险性更小、感知可信度更高的信息进行加工，依据感知流行性选择从众消费或依据自己的消费习惯进行品牌决策。

绿色建材品牌真实性必须借助消费者的认知差异来实现真正的差异化。绿色建材品牌涵盖三大特性：绿色属性、建材属性和品牌属性。绿色建材品牌所包含的信息丰富且庞杂，高认知需要的消费者有着相对严谨的认知习惯，能够较好地理解复杂的品牌信息，因此能够更好地掌握与消化绿色建材品牌传达的绿色属性信息、真实性线索和品牌细节。相反，低认知需要的消费者则更容易因绿色建材品牌的信息量过大而感到无所适从。因此，认知需要体现了消费者信息加工模式的内在特征，不仅能有效反映和预测不同认知需要水平的消费者在绿色建材品牌真实性作用下形成的绿色建材品牌决策与行为，还能解释和说明消费者绿色建材品牌行为反应的演化机理。因此，有必要考虑认知需要在品牌真实性对绿色建材品牌推崇的影响研究中的作用。

（五）人口统计变量

人口统计变量对绿色品牌决策的作用方向尚未形成统一观点。李家文（Lee Kaman）[206]考察了性别对香港特别行政区青少年消费者的绿色购买行为作用的差异，指出女性青年的环保关注、环保问题严重性的感知、环保责任感知、群体压力和绿色购买行为均强于男性青年。大卫·皮尔森（David Pearson）等[207]发现西方有机食品购买者具有较高的教育水平，较富裕。陈伟军[208]检验了人口统计变量对绿色品牌真实性感知的影响，发现性别和受教育程度正向影响绿色品牌真实性感知，而年龄、职业、家庭年收入等变量对其的影响并不显著。布雷达·麦卡锡（Breda McCarthy）等[209]发现中国男性更偏好绿色食品，而女性更偏好有机认证食品。有机食品购买情况与人口统计变量相关，如收入、教育水平、年龄、性别、家庭结构、居住城市和是否有海外经验。万敏琍（Wan Minli）和托皮宁·安妮（Toppinen Anne）[210]分析了中国消费者感知产品质量和健康可持续的生活方式对儿童家具价格偏好的影响因素，发现性别和教育水平对儿童家具价格偏好的影响迥异。菲利普·S. 莫里森（Philip S. Morrison）和本·比尔（Ben Beer）[211]发现，中年消费者更可能了解对所购买产品的环境影响和购买行为对环保结果的重要性。李永涛（Li Yongtao）和钟昌标（Zhong Changbiao）[212]以中国宁波的水产品消费为实证，发现婚姻状态和家庭年均收入对绿色水产品消费有显著影响。张启尧[213]以绿色电子类品牌为例，分析人口统计变量对消费者—绿色品牌依恋关系的影响，结果表明性别、年龄、收入水平和受教育水平与消费者—绿色品牌依恋关系不存在显著相关性。由此可见，消费者不同的性别、年龄、受教育程度、家庭结构等因素会导致不同的绿色品牌消费行为。探讨相关人口统计变量有助于加深对绿色建材品牌推崇行为的理解，故人口统计变量是可能影响绿色建材品牌推崇的重要因素。

三、研究假设的提出

（一）品牌真实性与相关假设

1. 绿色透明化与品牌真实性

绿色透明化对品牌真实性影响的直接研究较少，但已有研究探索了绿色透明化对绿色品牌忠诚的影响。绿色品牌的环保表现尚没有统一的量化标准，消费者缺乏感知其持续投入环保和环保问题解决成效的渠道。绿色品牌的绿色属性"不可见"，导致消费者难以全面了解绿色品牌并判断其真实性。菲利普·科特勒[214]指出，绿色品牌的可见性与消费者品牌忠诚度有关；提高绿色品牌绿色属性的透明化程度有助于消费者了解和熟悉其环保性能，培育对绿色品牌的积极认知，提高消费者的绿色品牌忠诚度。金钟亨和张洙昌[17]认为，从消费者的角度来看，当身份被清楚地传达或以一种与体验真理一致的方式传达时，消费者往往会感知到真实性。绿色透明度通过提高相关可持续信息的透明度帮助绿色品牌传达其绿色价值，以赢得目标消费者对替代品牌的青睐。若绿色品牌能传递透明的绿色信息，增强绿色品牌的透明度，则能强化消费者对品牌绿色化真正动机的认知。换句话说，如果一个绿色建材品牌清楚明了地传达了建材的绿色属性和品牌属性，或呈现出详细的环保关注和透明的环保表现信息，那么消费者就会倾向于相信该品牌，认为至少就其对于环境的益处而言，该绿色建材品牌是真实的。因此，本研究提出如下假设：

H1：绿色透明化对品牌真实性有正向影响。

2. 绿色怀疑与品牌真实性的关系

尽管过去学术界和主流媒体对绿色怀疑的关注越来越多，但极少研究绿色怀疑对品牌真实性的直接影响，已有文献中只有两个变量之间关系的间接理论依据。莫尔等[160]将怀疑概念转化为一种非持久性的特定于某种环境的特征，它会影响消费者对产品或品牌的质量、价格、广告和销售等市场营销方面的感受与情绪。对环保产品相关表现的怀疑可能会强烈影响产品的接受度，而持怀疑态度的消费者对绿色品牌广告不敏感，也难以被说服。伊力多等[178]指出，绿色产品怀疑部分源于绿色产品的错误标签而导致的误解和误读，部分源于有机产品标准和认证程序的不统一。因此，尽管消费者可能想购买绿色品牌，但对绿色品牌环境性能的怀疑可能阻止他们这样做。这一观点也得到了阿尔巴拉克等[215]的证实，他们认为绿色怀疑导致产品的负面评价并削弱绿色购买行为。亨利·西姆拉（Henri Simula）等[216]建议企业应使他们的绿色营销与产品的实际绿色程度相一致，以确保他们的信誉和长期的顾客承诺及忠诚。

尽管存在潜在的负面反应，但贴着绿色标签的品牌几乎无处不在，消费者越来越意识到"漂绿"的现象，因此也愈发怀疑企业的动机[164]。陈瑞奇和洛雷特·刘[217]指出中国的消费者普遍怀疑公司的环保主张。大卫·拉什卡（David Raska）和多丽丝·肖（Doris Shaw）[218]也指出，当企业公开承认的动机与消费者感知到的动机发生冲突时，消费者就产生了不信任或怀疑。如果消费者对企业的环保举措持怀疑态度，就会认为企业获取了欺骗性的利益，自私自利的显著性负面影响也随之出现。崔尹娜（Cho Yoon-Na）和欧内斯特·巴斯金（Ernest Baskin）[219]认为，当企业的绿色目标和绿色行为不匹配时，消费者就会产生怀疑。当消费者的怀疑程度较低时，品牌决策更容易受可持续信息的影响，消费者更可能参与环保行为。绿色怀疑一方面源于品牌的实际绿色水平与承诺的绿色水平不一致，另一方面源于品牌的绿色动机是否真正有益于环境保护而非为了企业营利，这是导致消费者对绿色建材的品牌真实性产生怀疑的两大主因。由此可见，在绿色建材消费情境中，绿色怀疑负向影响绿色建材品牌真实性。基于以上分析，本研究提出如下假设：

H2：绿色怀疑对品牌真实性有负向影响。

3. 品牌真实性与自我—品牌联结

品牌的象征功能体现在消费者进行品牌消费有助于建立自我认同，他们更喜欢能够体现理想身份的品牌。当消费者具有内在自我，以及社会认同的自我和需求时，就容易购买那些能够代表自我和符合参照群体期望的品牌[220]。绿色品牌消费符合消费者表达个人价值、追求道德或伦理责任的需求。换句话说，选择绿色品牌会让消费者"自我感觉良好"。真实性的品牌能更好地满足消费者的自我需求，具备真实性的绿色品牌通过表达消费者的社会责任和环保关注来满足消费者自我实现的需求。品牌真实性是绿色建材品牌的营销策略，当绿色建材品牌在消费者心目中留下真诚的绿色品牌形象，真心实意地传达绿色建材品牌的环保优势和环保绩效，降低消费者绿色建材品牌决策的风险和疑虑时，消费者就会在验证绿色建材品牌真实性的过程中获得道德满足和自我认同，与绿色建材品牌建立强烈而有意义的自我联结。基于以上分析，本研究提出如下假设：

H3：品牌真实性对自我—品牌联结具有积极的作用。

（二）绿色建材品牌推崇的相关假设

1. 品牌真实性与绿色建材品牌推崇

已有研究从品牌行为和品牌情感等侧面反映了品牌真实性积极影响品牌推崇。贝弗兰等[221]研究表明，真实性品牌能得到消费者的喜爱和口碑传播，能够以较低的促销成本获得较高的利润。陈伟军[208]提出，绿色品牌真实性正向影响品牌选择。刘宇（Liu Yu）等[183]指出，个体从事绿色消费的意向可能受绿色消费真正对环境有多少可持续帮助的评价的影响。魏相杰[222]将品牌真实性运用到绿色餐饮品牌中，认为品牌真实性由天然性、原创性、持续性和可靠性四个维度构成，而品牌真实性的前三个维度均显著影响品牌推崇，后一个维度对其的影响不显著。消费者在与绿色建材品牌互动的过程中了解绿色建材品牌的外观与设计，熟悉绿色建材性能、质量和原产地等信息，这些与感官相联系的绿色建材品牌体验增强了消费者的真实性认知，让其切实体验到了绿色品牌的优势或益处，为孕育潜在的绿色建材品牌推崇者创造了良好的条件。基于以上分析，本研究提出如下假设：

H4：绿色建材品牌真实性正向影响绿色建材品牌推崇。

2. 自我—品牌联结与绿色建材品牌推崇

自我—品牌联结使消费者能够依托品牌的象征功能满足自我表达和自我实现的需求，对消费者—品牌关系也会产生诸多正向与积极的影响。自我—品牌联结不仅与消费者的品牌评价正相关，而且会加强积极的口碑传播[197]。品牌推崇是消费者—品牌关系升华过程中出现的描述二者联结的重要概念。尽管有学者认为品牌推崇是品牌积极口碑的同义词，但贝塞拉和巴德里纳拉亚南[54]指出，品牌推崇是对某个品牌正面情绪和正面看法及对竞争品牌负面评论的混合体。

当消费者与特定品牌高度联结时，他们对该品牌的行为将类似于他们对自己的行为。程雪莉（Shirley Cheng）等[223]认为，与品牌联结程度高的消费者会将品牌和自己看成一个整体，当品牌是被表扬的对象或是被攻击的主体时，消费者会对品牌获得的赞许或者经历的失败感同身受。当形成自我—品牌联结的品牌被赞扬时，消费者支持品牌的决心会变强，因为支持品牌也就是支持自己；当品牌遭受攻击时，相当于消费者自己受到伤害，他会自发地捍卫品牌的一切。在这种情形下，消费者会出现购买联结品牌、自觉维护该品牌和防御竞争品牌等品牌推崇行为。伊利里亚·肯普（Elyria Kemp）等[224]对城市品牌建立进行了研究，发现如果某地的居民已经与一个城市的品牌建立了联结，就会成为品牌的推崇者，并向其他人推广这个品牌，从而促进品牌被其他人接受。姚鹏（Yao Peng）和王新新（Wang Xinxin）[225]以贝塞拉和巴德里纳拉亚南[54]的品牌推崇概念模型为基础，将品牌推崇的第三个维度"竞争品牌抵制"进一步细分为竞争品牌伤害意向和竞争品牌负面口碑两个层次，分析了自我—品牌联结对竞争品牌抵制各维度的作用，结果表明自我—品牌联结对竞争品牌负面口碑没有直接影响，但能通过竞争品牌伤害意向间接影响竞争品牌负面口碑。在绿色消费情境下，绿色建材品牌帮助消费者反映自己的绿色身份和表达利他主义，从而形成积极或强烈的自我—品牌联结，促使消费者与绿色建材品牌"同呼吸""共命运"，成为其忠实的推崇者。基于以上分析，本研究提出如下假设：

H5：自我—品牌联结对绿色建材品牌推崇具有积极的作用。

3. 自我—品牌联结的中介作用

依据 C-A-B 理论，在品牌真实性影响绿色建材品牌推崇行为的过程中可能存在情感变量，自我—品牌联结可被视为此过程中的中介变量。露丝琳娜·费拉罗（Rosellina Ferraro）等 [226] 研究指出，具有较高程度的品牌联结的消费者面对偶尔购买者或散布品牌负面信息的人仍然保持积极的态度。肯普等 [224, 227] 提出，与品牌联结程度高的消费者更有可能成为品牌的提倡者。当消费者与品牌存在紧密联结时，他们会在其参考群体中维护该品牌。具备高程度品牌联结的消费者更可能出现坚定品牌购买信念、自愿进行品牌提倡和保持甚至袒护该品牌等的行为。可见，自我—品牌联结是催生品牌推崇的中介，当消费者与绿色建材品牌形成高度联结时，也易发生绿色品牌推崇行为。克里斯汀·弗里茨（Kristine Fritz）等 [228] 指出，品牌关系质量是品牌真实性和消费者行为意向的中介变量，自我—品牌联结是品牌关系质量的构成维度，品牌感知真实性的关系结果可以解释显著性的品牌关系。姚鹏和王新新 [225] 基于品牌真实性视角探讨了品牌并购后的品牌策略与消费者购买意向的关系。他们证实，当品牌真实性发生改变时，自我—品牌联结也会相应改变。基于此研究成果，可以推断当绿色建材的品牌真实性发生变化时，消费者会认为绿色建材品牌的环保表现和应对环境问题的能力等核心属性发生了实质性变化，从而影响其真实自我的表达，削弱了消费者与绿色品牌的联结。而绿色建材品牌通过坦诚的品牌沟通，强化消费者对绿色建材品牌真实性的理解，提升双方的联结程度，这种高强度的联结会演化为对绿色建材品牌的美好联想，继而催生更正面的绿色建材品牌推崇行为。基于以上分析，本研究提出如下假设：

H6：自我—品牌联结在品牌真实性与绿色建材品牌推崇间存在中介作用。

4. 认知需要的调节中介作用

认知需要在绿色建材品牌真实性与自我—品牌联结的关系中起着调节作用。低认知需要的消费者习惯于根据直观、简单的表象信息来形成认知态度，基于常规性的信息进行品牌评价；高认知需要的消费者则会对信息分析与评价付出更多的认知努力。在不同的认知需要水平下，消费者处理绿色建材品牌信息的动机与能力不同，因此消费者与绿色建材品牌形成自我联结的概率有所不同。已有学者发现了认知需要在消费者决策行为中的作用。尼科尔·巴巴罗（Nicole Barbaro）等 [229] 提出认知需要是一种认知动机，它反映了一个人积极寻求信息和享受批判性思考的程度。因此，那些高认知需要的人更愿意寻找和获取信息，从而形成更强、更稳定的态度。认知需要高的消费者更易形成稳定的环保态度，促进其产生亲社会行为。张路（Zhang Lu）和莉迪亚·汉克斯（Lydia Hanks）[230] 探讨了认知需要对企业社会责任信息怀疑的作用。当消费者面临诸多企业社会责任相关线索时：高认知需要的消费者更可能仔细处理相关信息，降低对企业社会责任实践的怀疑；认知需要水平低的消费者很可能对信息进行较浅层次的加工，复杂的信息会加深他们的怀疑程度。

消费者通过绿色建材品牌广告与宣传、参考群体的消费经历和绿色建材品牌体验等所取得的信息庞杂、真假难辨。在这种绿色品牌消费情境下，消费者的认知需要水平越高，被绿色建材品牌信息相似度、过载、模糊性混淆的可能性就越低，也就越愿意周密思考和深入分析获得的信息，越容易被真实性的绿色建材品牌信息说服，与绿色建材品牌建立联结。认知需求高的消费者在面对真假难辨的绿色建材品牌信息时可能会仔细审查围绕绿色建材品牌的相关信息，更准确地平衡所有相关信息，集中评估这些信息的真实性，并利用这些绿色建材品牌知识建立自我—品牌联结。低认知需要的消费者偏好流畅性的信息，复杂的绿色建材品牌信息会导致他们对信息进行深层加工的意愿降低，只关注表面价值，可能因为担忧绿色建材品牌真实性使得自我与绿色建材品牌之间的联结程度随之降低。可见，认知需要能够调节品牌真实性对绿色建材品牌推崇的间接影响。基于以上分析，本研究提出如下假设：

H7：认知需要在品牌真实性通过自我—品牌联结对绿色建材品牌推崇的影响过程中具有正向调节作用。

5. 人口统计变量与绿色建材品牌推崇的关系

目前，没有开展人口统计变量对绿色建材品牌推崇的影响的直接研究，但已有学者探讨了人口统计变量对消费者推崇的影响。柯林斯等 [231] 以在线视频娱乐租赁服务为例，分析了性别、年龄、地区和收入等人口统计特征与消费者推崇间的关系，研究结果并没有显示一种性别的消费者比另外一种性别的消费者更可能成为推崇者。这款娱乐租赁服务的对象倾向于老年观众，故在消费者推崇中年长者居多。同时，农村区域可能相对偏远，娱乐服务供应有限，不太可能有多种娱乐选择，该产品可能会更强烈地引起该区域观众的共鸣。因此，农村推崇者比都市推崇者的比例大，家庭收入对消费者推崇的影响不显著。该研究成果表明，在描绘品牌推崇的人群画像时，由于不同产品品类的服务对象不同，品牌推崇的消费者特征存在差异，脱离具体的产品品类研究人口统计变量对品牌推崇的影响可能毫无意义。建材品牌的购买者以新婚家庭和改善型居住者为主，具有年幼的孩子的家庭对建材的品质、舒适、健康等特征要求较高，是绿色建材品牌的潜在消费者。绿色建材属于大件商品，运输配送较为困难，偏远地区可能难以获得和了解绿色建材品牌。绿色建材品牌价格较贵，消费者的年收入水平可能会影响绿色建材品牌决策行为。基于以上分析，本研究选择婚姻状况、家庭小孩的年龄、居住地区、年收入水平等人口统计变量分析其与绿色建材品牌推崇的相关性，并提出如下假设：

H8：人口统计变量影响绿色建材品牌推崇。

H8a：婚姻状况影响绿色建材品牌推崇。

H8b：家庭小孩年龄影响绿色建材品牌推崇。

H8c：地区影响绿色建材品牌推崇。

H8d：年收入水平影响绿色建材品牌推崇。

四、研究的综合模型与研究假设汇总

通过梳理品牌真实性与绿色建材品牌推崇影响研究的相关成果，能够提炼出绿色透明化、绿色怀疑、自我—品牌联结、认知需要及人口统计变量等因子。以上分析了这些因子在品牌真实性对绿色建材品牌推崇影响过程中的作用，并提出了相应假设，建立了品牌真实性对绿色建材品牌推崇影响研究的综合模型，如图3-5所示。整合全部相关假设，可得出研究假设汇总表（表3-1）。

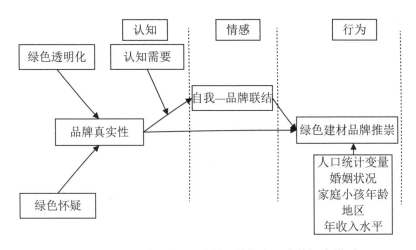

图 3-5　品牌真实性对绿色建材品牌推崇研究的概念模型

表 3-1　研究假设汇总

编号	假设内容
H1	绿色透明化对品牌真实性有正向影响
H2	绿色怀疑对品牌真实性有负向影响
H3	品牌真实性对自我—品牌联结具有积极的作用
H4	绿色建材品牌真实性正向影响绿色建材品牌推崇
H5	自我—品牌联结对绿色建材品牌推崇具有积极的作用
H6	自我—品牌联结在品牌真实性与绿色建材品牌推崇间存在中介作用
H7	认知需要在品牌真实性通过自我—品牌联结对绿色建材品牌推崇的影响过程中具有正向调节作用
H8	人口统计变量影响绿色建材品牌推崇

五、本章小结

本章依据所选取的品牌真实性对绿色建材品牌推崇影响研究的相关变量，结合线索利用理论、怀疑理论、C-A-B 理论和精细加工可能性模型理论等消费者行为学理论，构建了品牌真实性对绿色建材品牌推崇影响研究的概念模型。此模型包括绿色透明化、绿色怀疑、自我—品牌联结、认知需要和人口统计变量等 5 个主要变量，涵盖了 8 个主要假设。品牌真实性对绿色建材品牌推崇影响研究主要探讨了绿色透明化、绿色怀疑对绿色建材的品牌真实性的直接作用；品牌真实性对绿色建材品牌推崇的直接作用；自我—品牌联结在品牌真实性对绿色建材品牌推崇影响过程中的中介作用，以及认知需要在此影响过程中的调节作用；人口统计变量对绿色建材品牌推崇的影响。

第四章 绿色建材品牌推崇的结构及量表开发

由于学者们的研究目标和研究视角不同，品牌推崇的维度及量表等相关研究成果的普适性值得商榷。绿色品牌推崇的理论研究成果较少，其语义量表因研究产品品类、绿色品牌推崇的构成维度不同而可能存在差异，直接引用已有的品牌推崇量表难以准确涵盖绿色建材品牌推崇的释义。因此，运用扎根理论探究绿色建材品牌推崇的构成维度及语义项很有必要。

一、基于扎根理论的绿色建材品牌推崇维度分析

已有品牌推崇的相关理论成果提供了一些有价值的线索和有力的依据，但绿色建材品牌推崇的核心释义很难从已有的文献中获得全面解释，且学者们对绿色建材推崇的维度也难以形成一致的看法。鉴于此，本研究运用扎根理论，致力于探寻绿色建材品牌推崇的构成维度。

（一）资料收集

本研究主要考察个体消费者在选择绿色建材品牌时表现出的品牌推崇行为。绿色建材种类繁多，主要包括以下四种：以较低的资源或能源消耗生产出的具有较高性能的传统结构材料；在使用过程中较大程度地减少建筑能耗的墙体材料；利用工业废弃物再生的建筑材料；改善室内家居环境的建材材料。本研究主要聚焦第四种改善室内家居环境的建材材料，依据理论抽样的相关性和要求选取地板类绿色建材，包括圣象、大自然、世友、大卫、德尔、天格、久盛、北美枫情、菲林格尔等九个品牌作为测试品牌集。首先，这九个品牌涵盖了实木地板、竹木地板和橡胶地板等不同的产品类型，在产品分布上具有一定的相关性和广泛性。其次，这九个品牌均属于全国性的家居品牌，在行业中处于领先地位，具有一定的典型性。最后，这些品牌在致力于满足消费者

基本建材功能需求的基础上，均积极采取绿色技术和开展服务创新，满足消费者个性、环保、耐用、美观等深层次建材需求，以增强消费者对品牌价值和绿色价值的感知。因此，这些绿色建材品牌能够为调研主题提供较为丰富的信息，有助于扎根理论趋于饱和。

本研究在进行数据收集时，为了弥补资料来源方面的不足，提高研究主体所需原始资料的有效性和完整性，对绿色建材销售人员和绿色建材施工人员进行了一对一深度访谈，并对绿色建材消费者进行了焦点小组访谈和在线文本调查等。一对一深度访谈可以细致地观察访谈对象的神态，从而尽可能地深入理解访谈对象对绿色建材品牌推崇的态度和情感。焦点小组访谈通过引导访谈对象结合自身情况，围绕访谈主题相互讨论、相互启发，在思维的碰撞下表达对绿色建材品牌推崇的认识和理解。在线文本具有匿名性和开放性等特点，有助于研究人员获得较为真实的消费者品牌认知。将访谈调查与在线文本两种信息获得方式相结合，满足了扎根理论基于现实、系统收集与分析原始数据的基本要求。

首先，确定访谈对象。为了尽可能真实、全面地收集与绿色建材品牌推崇相关的内容，访谈对象的选择不仅包括房屋业主，还包括对建材领域比较熟悉的企业分区经理、卖场主管、装修项目经理、施工人员和销售人员等。胡莉芳[232]的研究显示，大学生的买房规划年龄非常集中，97.74%的大学生希望在30岁以前买房，买房的高峰年龄是25岁。据新浪财经报道，在全球各地首次购房者平均年龄的调查中，中国青年以平均27岁的年龄登顶最小年龄榜。参考李维特斯-阿尔克索等[145]关于品牌推崇者的筛选标准，本研究认为在筛选访谈对象时需遵循以下标准：①访谈对象年龄应大于25岁，且其他人口统计特征应具有较大的差异，以提高访谈的解释力；②访谈对象在描述绿色建材品牌时使用美好的词汇；③访谈对象陈述绿色建材消费经历时富有热情；④访谈对象在描述目标绿色建材品牌与其他竞争品牌时具有较大区别。遵循理论饱和原则，本研究最终确定了27个访谈对象。

其次，结合对绿色建材、绿色品牌及品牌推崇的理解，本研究制定了绿色建材品牌推崇的焦点小组访谈和深度访谈提纲（附录A和附录B）。访谈者提前一周与访谈对象预约，并沟通访谈的主题和流程。正式访谈的场景布置尽量生活化，减少访谈对象的拘谨和紧张感，有助于访谈对象真实、全面地表达对绿色建材品牌推崇的认识。在正式访谈开始前，访谈者会简要介绍绿色建材品牌推崇的概念，以便访谈对象更准确地理解访谈主题，形成正确的认知。焦点小组和深度访谈的全部过程均会录音，待访谈结束后整理录音内容。本研究总共收集到 137 份访谈资料，相关情况如表 4-1 所示。

表 4-1　访谈资料的收集情况

资料类型	来源	样本数/个	样本占比/%	资料数	资料占比/%
深度访谈	企业分区经理	3	11.11	圣象1份、大自然1份、菲林格尔1份，合计3份	2.19
	卖场主管	3	11.11	圣象2份、大自然1份、世友2份、大卫1份、德尔1份、天格1份、久盛1份、北美枫情1份，合计10份	7.30
	销售经理	2	7.41	圣象3份、大自然3份、世友2份、大卫2份、德尔1份、天格2份、久盛3份、北美枫情3份、菲林格尔3份，合计22份	16.06
	促销人员	5	18.52	圣象5份、大自然5份、世友3份、大卫4份、德尔4份、天格2份、久盛3份、北美枫情4份、菲林格尔4份，合计34份	24.82
	装修经理	4	14.81	圣象3份、大自然2份、世友3、大卫3份、德尔4份、天格4份、久盛3份、北美枫情2份，合计24份	17.52
	施工人员	4	14.81	圣象2份、大自然2份、世友3份、大卫3份、德尔2份、北美枫情1份、菲林格尔1份，合计14份	10.22
焦点小组	业主	6	22.22	圣象5份、大自然3份、世友2份、大卫1份、德尔5份、天格4份、久盛5份、北美枫情3份、菲林格尔2份，合计30份	21.90

最后，确定在线文本的收集渠道。在线文本的收集渠道包括新浪微博、微信（公众号、小程序和微信群）、企业官网、门户网站（九正建材网、中华建材网）和购物平台（京东和天猫购物平台）在线评论。本研究在选择在线文本时设立了以下标准：①在线文本应以绿色建材产品或品牌为主题，摒弃与主题无关的不恰当评论；②在线文本应是针对绿色建材品牌本身价值的客观评

论，如绿色建材品牌的购买经历、具体特征或使用感受等；③进行文本搜索时只选取消费者发布的纯粹在线文本，摒弃"商业展示""公众平台"等带有明显推销信息的文本。在线文本的全部内容均进行备份，以备后续进行资料分析时使用。本研究一共收集到316份访谈资料，在线文本资料的收集情况如表4-2所示。

表4-2　在线文本资料收集情况

资料类型	来源	资料数	占比/%
在线文本	新浪微博	圣象5份、大自然6份、世友5份、大卫5份、德尔5份、天格5份、久盛4份、北美枫情3份、菲林格尔3份，合计41份	12.97
	微信	圣象10份、大自然11份、世友9份、大卫12份、德尔11份、天格11份、久盛7份、北美枫情8份、菲林格尔7份，合计86份	27.22
	企业官网	圣象5份、大自然4份、世友2份、大卫2份、德尔2份、天格1份、久盛6份、北美枫情3份、菲林格尔2份，合计27份	8.54
	门户网站	圣象3份、大自然4份、世友5份、大卫4份、德尔5份、天格3份、久盛4份、北美枫情4份、菲林格尔2份，合计34份	10.76
	购物平台在线评论	圣象15份、大自然16份、世友15份、大卫12份、德尔11份、天格15份、久盛15份、北美枫情16份、菲林格尔13份，合计128份	40.51

（二）资料分析与编码

访谈调查和在线文本总共收集到453份原始材料，初步整理2/3的原始材料（302份）用于资料分析与编码，剩下的原始材料用于饱和度检验。依据扎根理论的三大步骤对原始材料进行编码研究，来分析绿色建材品牌推崇的构成要素。

1. 开放性编码分析

结合绿色建材的内涵和品牌推崇的释义对资料语句进行斟酌和判断，最终提炼出了65个概念，归纳出15个范畴，开放性编码过程如表4-3所示。表4-3体现了绿色建材品牌推崇的概念化和范畴化过程，范畴仅保留了代表性的语句，而范畴化的结果即绿色建材品牌推崇的相关结构要素。

表 4-3　开放性编码过程

开放性编码中代表性原始资料	概念化	范畴化
德尔地板使用无挥发性的耐磨油漆或者活性生态漆，闻起来无异味	净味	A1 绿色产品
大自然实木地板拥有缜密的木纤维结构，它的吸音、隔音性能比较好	隔音	
圣象地板有绿色产品认证、中国建材认证、绿色建筑选用商品认证	绿色标志	
久盛地暖地板的恒温效果非常好，能保持较长时间的温度，客观上节省了用电资源	节能	
圣象地板甲醛释放量低，挥发性物质也比较少	减排	
大卫地板精选优质原木，是天然木的那种，有一种独特的清香	来源自然	A2 绿色生产运营
德尔的无醛芯系列地板率先使用无醛树脂胶，基材不添加有机物	绿色制造	
久盛地板安装时使用的胶黏剂安全环保	施工环保	
圣象地板用旧后经过处理能够再次翻新使用	循环利用	
世友地热王纯实木地板荣获国家知识产权局颁发的"中国专利优秀奖"	绿色专利	A3 绿色组织
德尔地板专注环保创新，投入各项资源推进产品的无醛化过程	环保投入	
圣象地板加入希望工程计划，改善农村贫困孩子的学习环境	关注公益	
大卫木业采购的基材稳定、不开裂	材料上乘	A4 品牌质量
大卫地板荣获 ISO 9001 国际质量管理体系认证质量合格检测报告和质量体系认证	质量认证	
大卫地板 ISO 9001 管理体系下有 62 道精细分工，保障了大卫地板的优良品质	精细分工	
北美枫情原材处理、加工工艺、调色工艺等方面精心打造，质地也没话说，一看就很好	工艺一流	
菲林格尔地板受力均匀、强度高，之前销售人员将矿泉水砸在地板上，地板也没有落下痕迹，挺抗冲击的	坚固抗压	
家里的老人老房子里选的是天格的实木地板，不起拱、不变形	不易变形	
久盛地板的漆面技术——柔韧面技术使地板的附着力很强	强附着力	
大自然地板纹理高清，持久如新，长久不褪色	色泽稳定	
天格地板性能稳定，可以反复拆装，使用寿命超长	持久耐用	
九牧地板好像可以抗菌，比较安全	抗菌	A5 品牌功能
天格地板隔离潮湿空气，防止水浸	防潮	
久盛地板面漆抗碱防霉，不容易被腐蚀	耐腐蚀	
久盛地板木门材料能良好地适应潮湿气候或者室内外温差大的环境	耐温变	
大卫地板的"3G Ⅱ代"漆面工艺解决了漆面地板韧性较差的难题	耐磨	
大卫地板挺好养护的，耐擦洗不易留污	耐擦洗	
导购介绍圣象这款地板运动摩擦系数感觉挺高的，买了以后走在上面不易打滑	防滑	
圣象地板有阻燃性，安全隐患少，让人安全无忧	阻燃	
久盛木质地暖地板的那个传导性特别好，导热恒温	导热快	
圣象地板拼接效果好，地板与地板之间比较紧密，不易拔缝，不易进灰尘	防尘	

续表

开放性编码中代表性原始资料	概念化	范畴化
北美枫情的尺寸大小挺正规的，也没有啥损耗	尺寸合适	
大自然颜色纯正，纹理多变灵动，细腻光滑，组装后效果漂亮	美观	
天格地板推出的 3D 云设计模拟地板安装后的实景，挺人性化的	设计人性化	
大卫地板产品体系结构挺丰富的，花色品种很多，色彩可以搭配，可根据自己的喜好选择	设计个性化	A6 品牌设计
工人师傅说德尔地板的接缝小，裁剪拼接比较容易，特别好施工	施工方便	
北美枫情地板走上去脚感挺好的，用起来舒服	使用舒适	
去居然之家久盛门店时，导购介绍挑选实木地板、复合地板、强化地板的注意事项时，业务精湛，感觉很专业	咨询专业	
大自然的客服特别有耐心，仔细问了我有几道门、几个榻榻米，配的脚线和辅料足够，我没想到她都替我想到了	耐心互动	
购买北美枫情地板时会依据预算、楼层、房子大小和风格用心推荐合适产品和色彩搭配	真诚建议	A7 品牌服务
久盛的送货、测量、安装、退换都有人提前联系，免费服务，挺方便的	服务便利	
世友地板具有超长保修期，专业维修和介绍如何保养地板，还有一些定期回访	质保承诺	
去久盛实体品牌店让人亲自把同款品牌走上去，能觉得成品是怎样，家里装好后怎样，看起来很舒服的，感觉品牌体验挺好的	品牌好感	
世友纯实木地板家里人很喜欢，装修起来很上档次，请朋友们到家里面来也很有面儿，我还是很认可的	品牌认同	A8 品牌情感
北美枫情非常精致！特别符合我的品味！完全超出我的期待值！很满意很满意	品牌满意	
我比较信赖圣象地板，用得真的不错	品牌信任	
我之前换地板，看了相关品牌排行榜，就专门挑一个圣象的	花精力挑选	
如果这个店买不到，我会考虑到其他门店购买大自然品牌	花时间购买	A9 专一购买
久盛就值那个价啊，我觉得为品牌多花点钱，用得也久些	花金钱购买	
如果再买地板，我首先考虑久盛，这个确实不错	首先考虑	A10 优先购买
你让我选，我还是会先选圣象，因为我觉得有保障	优先选择	
我最近老房子打算翻新，我计划买之前的圣象品牌	购买计划	A11 购买支持
圣象地板的忠实客户，3 年装修了三套房子用的全部都是圣象的地板！送货快！服务好！质量棒！	再次购买	
我会告知我当时买久盛实木的价格、产品等信息	品牌信息	A12 信息分享
朋友问我怎么选地板时，我愿意将我当时购买圣象的感受和过程告诉我的朋友	经历信息	
聊起装修经验时，我会主动介绍我当时的购买和挑选地板经验，确实太多需要注意的了	主动介绍	
我觉得圣象还是挺好的，我喜欢的牌子，别人问我我肯定会说它的优点	品牌好话	A13 品牌宣传
会介绍朋友买圣象，让他们也能用到质量好、服务好的东西	推荐购买	

续表

开放性编码中代表性原始资料	概念化	范畴化
圣象电商服务一般，还不如其他小店的服务，失望，问客服问题总是不能及时回复，说实话和大自然地板官方我去年"双十一"购买和服务差得太多太多	服务差	A14 竞争品牌失望
以前总觉得地板都差不多，还真的是圣象的牌子就是不错，其他的品牌没法比的，有的杂牌子说抗甲醛，但安装好了以后感觉油漆气味还是挺重的	不环保	
建材市场买的小牌子，板子中有虫眼，地板踩上去有声音，缝隙也大，感觉质量不及圣象	质量差	
以前安的其他牌子的地板，容易翘起来，不到一年感觉颜色都变了，这种劣质东西，一点也不值得信任，还是远离的好	不信任	
我觉得圣象地板挺好的啊，没想过换呢，我想我不会购买其他品牌	不购买	A15 竞争品牌排斥
天猫上面下单后，地板还没安装就要我把安装费打过去，奉劝大家不要购买，我肯定不会推荐我不喜欢的牌子	不推荐	
装修时遇到了好多"坑"，那些不好的牌子我也会向我的亲朋好友说起，避免他们也跟我一样上当	负面口碑	

2. 主轴性编码分析

首先，将开放性编码的结果进行分类和整合，反复对比分析绿色建材品牌的资料和编码；其次，基于品牌推崇的演化路径，设想、模拟消费者与绿色建材品牌的对话过程，多次推演绿色建材品牌推崇的形成过程；最后，提炼信念性绿色建材品牌推崇和行为性绿色建材品牌推崇两个主范畴，以及绿色建材属性、品牌建材属性、购买意向、口碑推荐和竞争品牌抵制等五个副范畴。具体内容如表 4-4 所示。

表 4-4　主轴性编码过程

开放性编码抽取的范畴	副范畴	主范畴
A1 绿色产品	B1 绿色建材属性	C1 信念性绿色建材品牌推崇
A2 绿色生产运营		
A3 绿色组织		
A4 品牌质量	B2 品牌建材属性	
A5 品牌功能		
A6 品牌设计		
A7 品牌服务		
A8 品牌情感		

续表

开放性编码抽取的范畴	副范畴	主范畴
A9 专一购买	B3 绿色建材品牌购买意向	C2 行为性绿色建材品牌推崇
A10 优先购买		
A11 购买支持		
A12 信息分享	B4 绿色建材品牌口碑推荐	
A13 品牌宣传		
A14 竞争品牌失望	B5 竞争品牌抵制	
A15 竞争品牌排斥		

由文献资料和开放性编码的结果可以发现，绿色建材属性是绿色建材品牌的价值与优势所在，也是消费者对绿色建材品牌推崇的基础。绿色产品体现了绿色建材品牌是否节能环保、安全无害，是绿色属性的核心范畴。绿色生产运营反映绿色建材品牌在绿色产业链上尽可能地降低对环境的影响，是评价绿色属性的重要因素。绿色组织可突出建材品牌的绿色形象，增强消费者对建材品牌绿色属性的信任。因此，A1 绿色产品、A2 绿色生产运营和 A3 绿色组织等初级范畴可提炼为副范畴 B1 绿色建材属性，这三者体现了消费者对绿色建材品牌的绿色属性判断。绿色建材的品牌象征着优质保证和服务承诺，其与无品牌的绿色建材相比为绿色属性的真实性增添了一重保障，为建材产品的品质和声誉增加了一份背书，促使消费者与绿色建材品牌建立了深厚的品牌情感。由开放性编码分析可知，绿色建材的品牌质量、功能、服务、设计和情感体现了消费者对绿色建材的品牌属性评价。因此，A4 品牌质量、A5 品牌功能、A6 品牌设计、A7 品牌服务和 A8 品牌情感等范畴可提炼为副范畴 B2 品牌建材属性。

通过对绿色建材品牌优质属性的认知体验的不断深化，消费者形成了积极的态度与情感，并进一步内化为各种绿色建材品牌支持性行为。最浅层面的支持性行为体现在绿色建材品牌决策过程中，消费者愿意牺牲时间、精力和货币成本选择其认可的绿色建材品牌，故 A9 专一购买、A10 优先购买和 A11 购买支持等初级范畴可整合为 B3 绿色建材品牌购买意向。随着消费者对绿色建材品牌的认同和信任程度进一步加深，出现了更深层次的支持性行为，此阶段的行为反映了消费者不仅自己具有较强的绿色品牌购买意向，同时还愿意充当品牌的"宣传大使"，主动向亲朋好友分享绿色建材品牌体验与经历，进行正面口碑传播。可见，A12 信息分享和 A13 品牌宣传等可整合为副范畴 B4 绿色建材品牌口碑推荐。如果消费者与绿色建材品牌形成了热烈或浓厚的情感联结，就会认为竞争品牌比不上目标品牌，也就不会购买竞争品牌，眼中"难以容下"其他品牌，同时当出现目标品牌负面评论时也会自觉维护目标品牌的形象。因此，A14 竞争品牌失望和 A15 竞争品牌排斥等初级范畴可整合为副范畴 B5 竞争品牌抵制。

其中，副范畴 B1 绿色建材属性和 B2 品牌建材属性可整合为主范畴 C1 信念性绿色建材品牌推崇，是消费者对绿色属性和品牌属性优势的认同和确信，以及所形成的对绿色建材品牌确信不疑的信念。副范畴 B3 绿色建材品牌购买意向、B4 绿色建材品牌口碑推荐和 B5 竞争品牌抵制则可整合为主范畴 C2 行为性绿色建材品牌推崇，是指消费者在与绿色建材品牌互动过程中形成的坚定支持和推崇绿色建材品牌的行为。

3. 选择性编码分析

通过反复斟酌主范畴及其他范畴间的逻辑关系，本研究采取"故事线"的方式确定了绿色建材品牌推崇的内涵结构体系。绿色建材品牌推崇的"故事线"如下：在消费者与绿色建材品牌对话的初期，绿色建材品牌的节能环保、安全健康和关注公益等绿色属性提高了绿色建材品牌的吸引力，促使消费者摒弃普通建材产品；绿色建材品牌的品质保证削弱了消费者的选择疑虑和购买风险，这种基于绿色建材品牌绿色属性和品牌属性的价值优势引发了消费者对绿色建材品牌的认同，并凝聚成坚定的绿色建材品牌信念，是绿色建材品牌行为的基石。随着互动与对话的深入，消费者的绿色建材品牌信念不断深化和加强，消费者产生了对绿色建材品牌的偏好及对竞争品牌排斥的情感，这些情感会指导消费者的绿色建材品牌行为，支持购买偏好的绿色建材品牌，免费传播积极的口碑，并形成竞争品牌抵制。这些坚定性的支持行为构成了绿色建材品牌的行为性推崇。以此"故事线"为基础进行反复对比分析，能够得到绿色建材品牌推崇的维度构成模型，如图 4-1 所示。

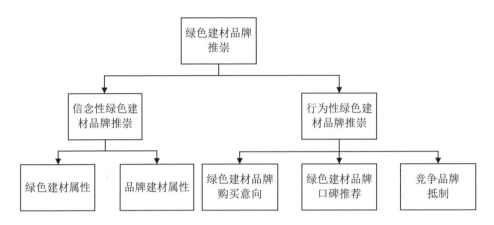

图 4-1　绿色建材品牌推崇的维度构成模型

4. 理论饱和度检验

扎根理论的优点是对原始资料的类型没有限制，通过文献资料、访谈资料和案例研究得出的理论可能存在一定的局限性，尤其是访谈资料的真实性可能受访谈对象生活经历和社会经验的影响，故通过扎根理论得到的结论需通过信度和效度检验。

扎根理论的信度检验在原始资料收集、资料编码、理论构建的基础上能够确保有效性。在进行访谈时，对所有的沟通内容采取全程录音，访谈结束后立刻进行整理，尽可能地采用原始语句，保留原始资料的连贯性和访谈对象语句的原真性。关于绿色建材品牌推崇的资料不多，进行资料编码时除了收集访谈记录，还要收集在线评论和相关新闻报道，尽可能囊括所有的概念并重点关注出现频率高的概念。在理论构建过程中，继续收集与访谈主体相关的新资料数据，并与所得到的范畴反复对比分析，均没有发现新的概念、范畴和关系，确保绿色建材品牌推崇理论的可信性。

扎根理论的效度检验体现在以下三个方面。首先，由于绿色建材是耐用品，消费者的购买频率低，单纯的深度访谈可能因为购买经历久远而使访谈对象出现记忆模糊和表达偏差的现象，故在深度访谈时还考虑了对建行行业比较熟悉的建材企业销售经理、卖场经理、装修项目经理、施工人员和建材销售人员，从多视角和多立场收集绿色建材品牌真实性的原始资料。其次，在正式访谈前，与课题组成员多次讨论，反复修改访谈提纲，同时还进行了一次试访谈，让访谈对象对访谈提纲提出意见并修改完善，在一定程度上提高了访谈记录的有效性。最后，本研究还收集了绿色地板品牌的相关在线文本，参考了北京大学品牌研究中心、中国道农研究院和国家品牌计划中心等权威机构关于中国绿色品牌评价体系、"中国绿公司"评价体系和 2018 年《国家绿色建材品牌计划》的内容，补充了文献资料和访谈资料难以获得的信息，确保了绿色建材品牌推崇理论的有效性。

在收集原始资料时，尽可能地保留访谈对象语句的原真性，同时参考绿色建材品牌的在线评论和相关新闻报道，尽量囊括所有的相关概念，并尽量在当天进行整理。在理论构建过程中，整合预留的 1/3 的原始资料和继续收集的与绿色建材品牌推崇相关的新资料，并与所得到的绿色建材品牌推崇的范畴反复对比分析，均没有发现新的范畴和构成因子，由此可见绿色建材品牌推崇的维度构成模型通过了理论饱和度检验。

（三）扎根理论研究的发现

经过规范的三层编码和理论饱和度检验，挖掘了绿色建材品牌推崇的构成维度，形成了涵盖 2 个核心范畴、5 个主范畴、15 个副范畴和 65 个概念的绿色建材品牌推崇的要素集合，具体内容如表 4-5 所示。

表 4-5 绿色建材品牌推崇的构成要素

名称	核心范畴	主范畴	副范畴	概念
绿色建材品牌推崇	信念性绿色建材品牌推崇	绿色建材属性	绿色产品	净味、防噪声、绿色标志、节能、减排、安全
			绿色生产运营	来源自然、绿色制造、施工环保、使用安全、循环利用
			绿色组织	环保投入、关注公益
		品牌建材属性	品牌质量	质量认证、材料上乘、做工一流、坚固抗压、不易变形、色泽稳定、持久耐用
			品牌功能	抗菌、防潮、抗碱、防霉、耐温变、耐磨、耐擦洗、防尘、覆盖性强
			品牌设计	尺寸合适、美观、设计人性化、设计实用、操作便捷、施工方便、打理方便、使用舒适

续表

名称	核心范畴	主范畴	副范畴	概念
绿色建材品牌推崇	信念性绿色建材品牌推崇	品牌建材属性	品牌服务	咨询专业、耐心互动、真诚建议、服务便利、质保承诺
			品牌情感	品牌好感、品牌认同、品牌满意、品牌信任
	行为性绿色建材品牌推崇	绿色建材品牌购买意向	专一购买	花精力挑选、花时间购买、花金钱购买
			优先购买	首要考虑、优先选择
			购买支持	购买计划、品牌支持
		绿色建材品牌口碑推荐	信息分享	品牌信息、经历信息
			品牌宣传	主动介绍、品牌好话、推荐购买
		竞争品牌抵制	竞争品牌失望	体验差、不环保、质量差、不信任
			竞争品牌排斥	不购买、不推荐、负面口碑

二、探索性因子分析

(一) 量表的编制

本研究主要借鉴了斯维姆伯格等[233]的品牌推崇量表和塔潘·库马尔·潘达（Tapan Kumar Panda）等[234]的绿色品牌推崇量表，并结合扎根理论所获得的绿色建材品牌的相关描述编制绿色建材品牌推崇量表。为了增加绿色建材品牌推崇语义项的可读性，本研究除了采取回译的方式整合国内外的成熟量表，还结合"绿色价值"的独特性和"建材产品"的特殊性多次斟酌语义项，确保语义项的可理解性。绿色建材品牌推崇涵盖 28 个初始语义项，如表4-6所示。绿色建材属性的语义项为 GBBA1 ~ GBBA8；品牌建材属性的语义项为 BBA1 ~ BBA7；绿色建材品牌购买意向的语义项为 PI1 ~ PI4；绿色建材品牌口碑推荐的语义项为 WOM1 ~ WOM4；绿色建材竞争品牌抵制的语义项为 OBR1 ~ OBR5。

表 4-6 绿色建材品牌推崇初始量表

编号	测量语义项
GBBA1	该绿色建材品牌具有绿色建筑选用商品认证标签
GBBA2	该绿色建材品牌贯彻绿色产业链战略
GBBA3	该绿色建材品牌精选天然基材
GBBA4	该绿色建材品牌采用环境友好的工艺
GBBA5	该绿色建材品牌产品安全健康
GBBA6	该绿色建材品牌关注环境保护
GBBA7	该绿色建材品牌具有环保专利
GBBA8	该绿色建材品牌承担社会责任
BBA1	该绿色建材品牌服务省心
BBA2	该绿色建材品牌经久耐用
BBA3	该绿色建材品牌设计能满足我家居生活的需求
BBA4	该绿色建材品牌功能能满足我家居生活的需求
BBA5	该绿色建材品牌诚实可靠
BBA6	该绿色建材品牌表现让我满意
BBA7	我比较信任该绿色建材品牌
PI1	该绿色建材品牌关注环保，我打算购买
PI2	该绿色建材品牌舒适健康，我非常倾向于购买
PI3	该绿色建材品牌安全节能，我乐意花精力购买
PI4	我购买该绿色建材品牌是因为其品质风格
WOM1	我强烈推荐该绿色建材品牌给他人因为它的环保形象
WOM2	该绿色建材品牌具有环保功能，我会积极向他人推荐
WOM3	我愿意鼓励他人购买该绿色建材品牌因为它是环保的
WOM4	我会因为该绿色建材品牌的环保性能而称赞它
OBR1	我觉得其他竞争品牌的建材购买体验比较差
OBR2	我可能不会购买该绿色建材品牌以外的其他品牌
OBR3	如果亲朋在选购建材，我会建议他们不购买其他竞争品牌的建材
OBR4	当有人批评该绿色建材品牌时，我会维护该绿色建材品牌
OBR5	我可能会传播其他竞争品牌建材的负面口碑

（二）预调研与测量题项净化

预调研问卷首先介绍绿色建材品牌和绿色建材品牌推崇的内涵；其次附上圣象、大自然、久盛、天格、北美枫情等绿色建材品牌构成品牌测试集，要求问卷填写者从中选出最认同的那个绿色建材品牌作为参照品牌；最后以问卷填写者选择的参照品牌完成绿色建材品牌推崇的调查问卷（附录 C）。预调研在建材卖场门口通过现场拦截发放问卷的方式进行，共发放 380 份线下问卷，最后获得 293 份有效样本，有效率达 77.11%。

在收集到 293 份绿色建材品牌推崇的有效样本后，检验绿色建材品牌推崇语义项的一致性和绿色建材品牌推崇量表的信度。本研究先通过修正的项目总相关（corrected-item total correlation, CITC）系数来衡量题项与其余题项的内部一致性，只保留 CITC 数值大于 0.5 的题项；再采用项目删除时的 Cronbach's α 系数的变化来衡量整体信度，当删除某题项后，其余题项的 Cronbach's α 系数变大且超过 0.6 则量表的信度可以接受。绿色建材品牌推崇语义项的 CITC 值和 Cronbach's α 系数的具体结果如表 4-7 和表 4-8 所示。

表 4-7　信念性绿色建材品牌推崇 CITC 值和信度（N=293）

题项	CITC 值	删除该项后的 Cronbach's α 系数	Cronbach's α 系数
GBBA1	0.659	0.795	
GBBA2	0.600	0.802	
GBBA3	0.679	0.795	
GBBA4	0.610	0.799	初始 α 系数 =0.827
GBBA5	0.431	0.826	最终 α 系数 =0.869
GBBA6	0.355	0.843	
GBBA7	0.636	0.796	
GBBA8	0.591	0.802	
BBA1	0.474	0.847	
BBA2	0.587	0.807	
BBA3	0.634	0.801	
BBA4	0.632	0.799	初始 α 系数 =0.830
BBA5	0.655	0.798	最终 α 系数 =0.847
BBA6	0.656	0.798	
BBA7	0.599	0.804	

由表 4-7 可以发现，信念性绿色建材品牌推崇下的绿色建材属性和品牌建材属性均存在 CITC 值小于 0.5 的题项。其中：绿色建材属性的 GBBA5 和 GBBA6 题项的 CITC 值小于 0.5，且删除 GBBA5 和 GBBA6 后该维度整体的 Cronbach's α 系数从 0.827 增加到 0.869，达到了大于 0.6 的判断标准，故剔除 GBBA5 和 GBBA6 题项，保留其余题项；品牌建材属性的 BBA1 的 CITC 值小于 0.5，在删除 BBA1 后，该维度整体的 Cronbach's α 系数从 0.830 增加到 0.847，达到了大于 0.6 的判断标准，故只剔除 BBA1。

表 4-8　行为性绿色建材品牌推崇的 CITC 值和信度 (*N*=293)

题项	CITC 值	删除该项后的 Cronbach's α 系数	Cronbach's α 系数
PI1	0.391	0.786	初始 α 系数 =0.724 最终 α 系数 =0.786
PI2	0.602	0.619	
PI3	0.558	0.644	
PI4	0.607	0.620	
WOM1	0.399	0.753	初始 α 系数 =0.719 最终 α 系数 =0.753
WOM2	0.554	0.636	
WOM3	0.569	0.626	
WOM4	0.569	0.622	
OBR1	0.611	0.772	初始 α 系数 =0.812 最终 α 系数 =0.837
OBR2	0.674	0.751	
OBR3	0.677	0.751	
OBR4	0.357	0.837	
OBR5	0.682	0.748	

由表 4-8 可以发现，行为性绿色建材品牌建构真实性下的购买意向、口碑推荐和竞争品牌抵制存在 CITC 值小于 0.5 的题项。具体来看：PI1 的测量 CITC 值小于 0.5，删除 PI1 后，其余题项的 Cronbach's α 系数从 0.724 增加到 0.786，达到了大于 0.6 的判断标准，故剔除 PI1，保留购买意向的其余题项；WOM1 的 CITC 值小于 0.5，删除 WOM1 后，其余题项的 Cronbach's α 系数从 0.719 增加到 0.753，达到了大于 0.6 的判断标准，故剔除 WOM1，保留口碑推荐的其余题项；OBR4 的 CITC 值小于 0.5，删除 OBR4 后，其余题项的 Cronbach's α 系数从 0.812 增加到 0.837，达到了大于 0.6 的判断标准，故剔除 OBR4，保留竞争品牌抵制的其余题项。

（三）正式量表生成

采用探索性因子分析进一步净化以生成正式量表。若 KMO 值大于 0.7，且 Bartlett 球形检验值显著，Sig. 值小于 0.05，则判定适合开展因子分析。然后考察其语义项的因子载荷，若因子载荷大于 0.6，则保留该题项，否则予以删除。本研究对信念性绿色建材品牌推崇和行为性绿色建材品牌推崇进行了探索性因子分析，结果如表 4-9 和表 4-10 所示。

表 4-9　信念性绿色建材品牌推崇的因子分析结果（*N*=293）

题项	信念性绿色建材品牌推崇因子载荷	
	1	2
GBBA1	0.820	—
GBBA2	0.582	—
GBBA3	0.813	—
GBBA4	0.703	—
GBBA7	0.831	—
GBBA8	0.694	—
BBA2	—	0.760
BBA3	—	0.730
BBA4	—	0.772
BBA5	—	0.748
BBA6	—	0.771
BBA7	—	0.580

表 4-10　行为性绿色建材品牌推崇的因子分析结果（*N*=293）

题项	行为性绿色建材品牌推崇因子载荷		
	1	2	3
PI2	0.777	—	—
PI3	0.845	—	—
PI4	0.785	—	—
WOM2	—	0.813	—
WOM3	—	0.816	—
WOM4	—	0.711	—
OBR1	—	—	0.799
OBR2	—	—	0.829
OBR3	—	—	0.813
OBR5	—	—	0.833

信念性绿色建材品牌推崇数据的 KMO 值 =0.898 > 0.7，Bartlett 球形值为 784.741，Sig. 值为 0.000 < 0.05，可开展因子分析。信念性绿色建材品牌推崇因子分析结果如表 4-9 所示。根据表 4-9，信念性绿色建材品牌推崇题项共提取出了 2 个因子，其中题项 GBBA2 和 BBA7 的因子载荷小于 0.6，其余题项的因子载荷均大于 0.6，因此剔除题项 GBBA2 和 BBA7，保留信念性绿色建材品牌推崇的其余题项。

行为性绿色建材品牌推崇数据的 KMO 值 =0.781 > 0.7，Bartlett 球形值为 515.848，Sig. 值为 0.000 < 0.05，可开展因子分析。行为性绿色建材品牌

推崇因子分析结果如表 4-10 所示。根据表 4-10，行为性绿色建材品牌推崇题项共提取出了 3 个因子，且同一维度下各题项的因子载荷均大于 0.6，说明行为性绿色建材品牌推崇的题项均得以保留。

通过在预调研中所得的数据对绿色建材品牌推崇的初始量表进行提纯，最初的 28 个题项中剔除题项 GBBA2、GBBA5、GBBA6、BBA1、BBA7、PI1、WOM1 和 OBR4，总共保留了 20 个题项，信念性和行为性绿色建材品牌推崇的题项均为 10 个，得到正式的绿色建材品牌推崇的语义项。

三、验证性因子分析

（一）正式调研与样本特征

首先，本研究制定了绿色建材品牌推崇的正式调研问卷（附录 D）。本次正式调研主要通过课题组成员的关系网络在业主微信群和 QQ 群里发放问卷。为了提高被调查对象的参与积极性，给予每名完成问卷调查的参与者 3 元的红包奖励。这次调研共发放 400 份问卷，得到 296 份有效样本，其特征统计概况如表 4-11 所示。根据表 4-11：男性和女性的样本占比分别为 45.95% 和 54.05%；25 ～ 35 岁的样本占比为 42.23%；硕士及硕士以上学历的样本占比为 19.93%；年收入 5 万～ 10 万元的样本占比为 43.24%；中部地区的样本占比为 45.95%。不难发现，正式调研覆盖了多种类型的建材消费者，有助于提升正式调研的有效性。

表 4-11　正式调研有效样本概况（N=296）

类别	内容	人数 / 人	百分比 /%
性别	男	136	45.95
	女	160	54.05
年龄	25 ～ 35 岁	125	42.23
	36 ～ 45 岁	102	34.46
	46 岁～ 55 岁	53	17.91
	55 岁以上	16	5.41

续表

类别	内容	人数 / 人	百分比 /%
学历	专科及专科以下	133	44.93
	本科	104	35.14
	硕士及硕士以上	59	19.93
年收入水平	5 万元以下	98	33.11
	5 万～10 万元	128	43.24
	10 万元以上	70	23.65
地区	东部地区	97	32.77
	中部地区	136	45.95
	西部地区	63	21.28

正式调研中所选绿色建材品牌分布情况如图 4-2 所示。根据图 4-2：圣象占比 21.42%，大自然占比 19.31%，久盛占比 15.62%，大卫占比 12.85%，德尔占比 10.29%，北美枫情占比 8.97%，菲林格尔占比 6.18%，天格占比 5.37%。这些绿色建材品牌在节能环保、安全健康等方面的表现深入人心。例如：圣象坚持从选材生产到安装服务全程保证家居的绿色品质；大自然地板践行"绿色长征"战略，树立了"有担当""有责任"的中国地板形象。消费者更愿意成为这些绿色建材品牌的推崇者。

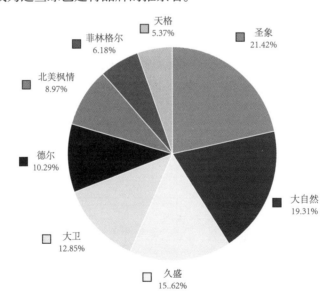

图 4-2 正式调研中所选绿色建材品牌分布情况

（二）结构方程模型检验

1. 验证性因子分析

本研究采用验证性因子分析检验品牌真实性对绿色建材品牌推崇影响研究中所涉及的所有变量的信度和效度，表 4-12 展示了信念性绿色建材品牌推崇的信度与收敛效度的具体检验结果。

表 4-12　信念性绿色建材品牌推崇的信度与收敛效度检验（N=296）

维度	语义项	因子载荷	Cronbach's α 系数	AVE 值	C.R. 值	拟合指标
绿色建材属性（GBBA）	GBBA1	0.788	0.851	0.536	0.852	CMIN/DF=1.549 GFI=0.960 AGFI=0.935 RMSEA=0.049 CFI=0.982 NFI=0.951 PNFI=0.718 RFI=0.935 IFI=0.982
	GBBA3	0.736				
	GBBA4	0.705				
	GBBA7	0.719				
	GBBA8	0.710				
品牌建材属性（BBA）	BBA2	0.710	0.839	0.511	0.839	
	BBA3	0.699				
	BBA4	0.726				
	BBA5	0.730				
	BBA6	0.708				

由表 4-12 可知：绿色建材属性的 Cronbach's α=0.851 > 0.6，品牌建材属性的 Cronbach's α=0.839 > 0.6，表示绿色建材属性和品牌建材属性的语义项都通过了信度检验；绿色建材属性的 AVE=0.536 > 0.5，品牌建材属性的 AVE=0.511 > 0.5，绿色建材属性的 C.R.=0.852 > 0.7，品牌建材属性的 C.R.=0.839 > 0.7，且二者题项的因子载荷取值分别为 0.705～0.788 和 0.699～0.730，均满足因子载荷大于 0.5 的要求；同时模型的各拟合指标的数值均符合相应判断标准。由此可知，信念性绿色建材品牌推崇语义项通过了收敛效度检验。

表 4-13 显示了信念性绿色建材品牌推崇的判别效度。根据表 4-13，品牌建材属性和绿色建材属性的 AVE 值的平方根超过二者之间的相关系数，表明信念性绿色建材品牌推崇量表的判别效度良好。

表 4-13　信念性绿色建材品牌推崇的判别效度检验结果（*N*=296）

项目	GBBA	BBA
GBBA	(0.732)	—
BBA	0.606	(0.715)

注：对角线数值为各维度 AVE 值的平方根。

表 4-14 显示了行为性绿色建材品牌推崇的信度和收敛效度检验结果。由表 4-14 可知：建材品牌购买意向的 Cronbach's *α*=0.794＞0.6，建材品牌口碑推荐的 Cronbach's *α*=0.789＞0.6，竞争品牌抵制的 Cronbach's *α*=0.887＞0.6，表示其语义项都具有较高的信度；建材品牌购买意向的 AVE=0.565＞0.5，建材品牌口碑推荐的 AVE=0.563＞0.5，竞争品牌抵制的 AVE=0.663＞0.5；建材品牌购买意向的 C.R.=0.795＞0.7，建材品牌口碑推荐的 C.R.=0.794＞0.7，竞争品牌抵制的 C.R.=0.887＞0.7，且建材品牌购买意向、口碑推荐和竞争品牌抵制的语义项的因子载荷取值依次为 0.713～0.806、0.691～0.811 和 0.787～0.830，都满足大于 0.5 的要求；同时模型的各拟合指标数值均符合相应的判断标准。由此可见，行为性绿色建材品牌推崇的语义量表通过了收敛效度检验。

表 4-14　行为性绿色建材品牌推崇的信度和收敛效度检验（*N*=296）

维度	语义项	因子载荷	Cronbach's *α* 系数	AVE 值	C.R. 值	拟合指标
购买意向（PI）	PI2	0.806	0.794	0.565	0.795	CMIN/DF=1.509 GFI=0.965 AGFI=0.941 RMSEA=0.062 CFI=0.986 NFI=0.960 PNFI=0.682 RFI=0.943 IFI=0.986
	PI3	0.713				
	PI4	0.733				
口碑推荐（WOM）	WOM2	0.811	0.789	0.563	0.794	
	WOM3	0.745				
	WOM4	0.691				
竞争品牌抵制（OBR）	OBR1	0.823	0.887	0.663	0.887	
	OBR2	0.830				
	OBR3	0.787				
	OBR5	0.816				

表 4-15 显示了行为性绿色建材品牌推崇的判别效度检验结果。其中，绿色建材购买意向、口碑推荐和竞争品牌抵制的 AVE 值的平方根均高出变量之

间的相关系数，由此可见行为性绿色建材品牌推崇语义量表的判别效度良好。

表 4-15 行为性绿色建材品牌推崇的判别效度检验结果（N=296）

项目	PI	WOM	OBR
PI	(0.752)	—	—
WOM	0.658	(0.750)	—
OBR	0.381	0.479	(0.814)

注：对角线数值为各维度 AVE 值的平方根。

然后采用二阶验证性因子分析检验绿色建材品牌推崇整体量表的信度和效度，检验结果如表 4-16 所示。绿色建材属性的 Cronbach's α 系数 =0.851 > 0.6，品牌建材属性的 Cronbach's α 系数 =0.839 > 0.6，建材品牌购买意向的 Cronbach's α 系数 =0.794 > 0.6，建材品牌口碑推荐的 Cronbach's α 系数 =0.789 > 0.6，竞争品牌抵制的 Cronbach's α 系数 =0.887 > 0.6，说明这五个变量语义项具有良好的信度；绿色建材属性的 AVE=0.536 > 0.5，品牌建材属性的 AVE=0.510 > 0.5，建材品牌购买意向的 AVE=0.565 > 0.5，建材品牌口碑推荐的 AVE=0.564 > 0.5，竞争品牌抵制的 AVE=0.663 > 0.5；绿色建材属性的 C.R.=0.852 > 0.6，品牌建材属性的 C.R.=0.839 > 0.6，建材品牌购买意向的 C.R.=0.795 > 0.6，建材品牌口碑推荐的 C.R.=0.794 > 0.6，竞争品牌抵制的 C.R.=0.887 > 0.6，且这五个变量语义项的因子载荷的取值范围依次为 0.710 ～ 0.783、0.699 ～ 0.731、0.719 ～ 0.790、0.701 ～ 0.796 和 0.785 ～ 0.829，均满足因子载荷大于 0.5 的要求。绿色建材品牌推崇结构模型的各项拟合指标数值均符合相应要求，可见绿色建材品牌推崇的整体语义量表通过了收敛效度检验。

表 4-16　绿色建材品牌推崇的信度检验与验证性因子分析（N=296）

维度	语义项	因子载荷	Cronbach's α 系数	AVE 值	C.R. 值	拟合指标
绿色建材属性（GBBA）	GBBA1	0.783	0.851	0.536	0.852	CMIN/DF=1.469 GFI=0.914 AGFI=0.891 RMSEA=0.075 CFI=0.967 NFI=0.905 PNFI=0.786 RFI=0.891 IFI=0.968
	GBBA3	0.722				
	GBBA4	0.710				
	GBBA7	0.736				
	GBBA8	0.707				
品牌建材属性（BBA）	BBA2	0.703	0.839	0.510	0.839	
	BBA3	0.699				
	BBA4	0.724				
	BBA5	0.731				
	BBA6	0.714				
购买意向（PI）	PI2	0.790	0.794	0.565	0.795	CMIN/DF=1.469 GFI=0.914 AGFI=0.891 RMSEA=0.075 CFI=0.967 NFI=0.905 PNFI=0.786 RFI=0.891 IFI=0.968
	PI3	0.719				
	PI4	0.744				
口碑推荐（WOM）	WOM2	0.796	0.789	0.564	0.794	
	WOM3	0.752				
	WOM4	0.701				
竞争品牌抵制（OBR）	OBR1	0.826	0.887	0.663	0.887	
	OBR2	0.829				
	OBR3	0.785				
	OBR5	0.815				

　　表 4-17　显示了绿色建材品牌推崇判别效度的检验结果。通过绿色建材属性、品牌建材属性、购买意向、口碑推荐和竞争品牌抵制的相关系数和 AVE 值可知，五个变量 AVE 值的平方根全部高于变量之间的相关系数，得出绿色建材品牌推崇的整体语义项通过了判别效度检验。

表 4-17　绿色建材品牌推崇的判别效度检验结果（N=296）

项目	GBBA	BBA	PI	WOM	OBR
GBBA	(0.732)	—	—	—	—
BBA	0.608	(0.714)	—	—	—
PI	0.638	0.581	(0.752)	—	—
WOM	0.671	0.527	0.662	(0.751)	—
OBR	0.330	0.313	0.381	0.480	(0.814)

注：对角线数值为各维度 AVE 值的平方根。

2. 竞争模型检验

由于绿色建材品牌推崇的结构模型是经扎根理论开发而来，或许还存在相应的竞争模型。因此，有必要将所得到的绿色建材品牌推崇模型与相应的竞争模型进行对比分析，以检验绿色建材品牌推崇结构模型的优劣。其中：单因子模型由绿色建材品牌推崇的全部语义项构成；二因子模型由两个核心维度组成，一个因子是信念性绿色建材品牌推崇，另一个因子是行为性绿色建材品牌推崇；三因子模型中的第一个因子是信念性绿色建材品牌推崇，第二个因子为购买意向和口碑推荐，第三个因子为竞争品牌抵制；四因子模型中的第一个因子仍然是信念性绿色建材品牌推崇，第二个因子是购买意向，第三个因子是口碑推荐，最后一个因子是竞争品牌抵制；五因子模型则与绿色建材品牌推崇的五个子维度一一对应。绿色建材品牌推崇各竞争模型的检验结果如表 4-18 所示。

表 4-18　各竞争模型拟合指数（N=296）

项目	CMIN/DF	GFI	AGFI	RMSEA	CFI	NFI	PNFI	RFI	IFI
单因子模型	6.236	0.651	0.569	0.209	0.623	0.584	0.523	0.535	0.626
二因子模型	5.271	0.661	0.579	0.177	0.694	0.651	0.579	0.607	0.697
三因子模型	3.083	0.791	0.737	0.095	0.853	0.798	0.701	0.770	0.854
四因子模型	2.619	0.822	0.772	0.086	0.888	0.832	0.718	0.805	0.889
五因子模型	1.461	0.917	0.891	0.068	0.969	0.908	0.765	0.891	0.969

由表 4-18 可知，通过对比绿色建材品牌推崇各竞争模型的拟合指标，发

现绿色建材品牌推崇五因子模型的拟合效果最好，而且前文已验证了绿色建材品牌推崇模型结构维度的合理性，这说明本研究所构建的绿色建材品牌推崇的维度模型较为理想。

四、本章小结

本章运用扎根理论所获得的原始资料开发绿色建材品牌推崇的结构及语义量表。扎根理论发现绿色建材品牌推崇由信念性绿色建材品牌推崇和行为性绿色建材品牌推崇两个核心范畴和绿色建材属性、品牌建材属性、购买意向、口碑推荐和竞争品牌抵制五个主范畴构成。其中：信念性绿色建材品牌推崇核心范畴包括绿色建材属性和品牌建材属性两个维度；行为性绿色建材品牌推崇核心范畴由购买意向、口碑推荐和竞争品牌抵制三个维度组成。

本章综合参考国内外已有成熟量表和扎根理论的资料编制了绿色建材品牌推崇的相关题项。首先，采用探索性因子分析净化绿色建材品牌推崇的语义项，形成了正式的量表；其次，采用验证性因子分析检验绿色建材品牌推崇量表的信度和效度；最后，通过结构模型研究绿色建材品牌推崇模型的可行性和最优性，并最终确定绿色建材品牌推崇的语义项。

第五章 研究变量的测量

为检验品牌真实性对绿色建材品牌推崇的影响研究中所涉及的相关假设，需要测量该影响模型中的全部相关变量。第四章已运用扎根理论开发了绿色建材品牌推崇这个核心变量的测量语义项，影响模型中所涉及的其他变量均参考了已有的成熟量表，并在综合考虑绿色品牌的环保性和绿色建材的独特性后改编而成。同时，本研究邀请课题组的成员对国外的量表进行回译和润色，确保在忠于外文原意的基础上符合汉语的表达习惯，以提高量表的可读性。

一、变量操作化定义与测量

（一）品牌真实性的变量测量

1. 量表的编制

为了获得绿色建材的品牌真实性量表，本研究主要采取了以下三种方法：①文献研究；②焦点小组；③深度访谈。通过文献研究所获得的品牌真实性相关量表如表 5-1 所示。

表 5-1 品牌真实性相关量表

量表名称	来源	维度	条目数 / 个
品牌真实性量表	沙勒恩等 [9]	品牌个性、品牌一致性、品牌连续性	6
基于消费者感知的品牌真实性量表	那波利等 [12]	质量承诺、品牌遗产和品牌真诚	14
品牌真实性感知量表	摩哈德等 [67]	连续性、信赖感、真诚和象征	15
绿色品牌真实性感知	孙习祥和陈伟军 [22]	绿色属性、质量、诚信和文化	13

品牌真实性的访谈邀请了参加过绿色建材品牌推崇焦点访谈和深度访谈的访谈对象。访谈的流程与绿色建材品牌推崇的访谈流程是类似的。为了让

访谈对象能够更好地理解绿色建材品牌真实性的内涵，相关人员在正式访谈前描述了绿色建材的品牌环保性能和环保实践。通过梳理焦点小组和深度访谈的资料，本研究认为绿色建材属性线索是消费者判断绿色建材品牌客观真实性的标准。绿色建材并不是绝对环保的建材，传统建材也不可能没有一点绿色的成分。与传统建材相比，绿色建材在绿色属性、绿色性能和绿色创新等方面更为优异，能够为消费者带来绿色感知价值。一般属性是绿色建材的基础，若绿色建材的一般属性不能得到保障，那么其绿色属性也必然不存在。可见，绿色建材的属性涵盖绿色属性和一般属性两部分。建材绿色属性的客观真实性是指建材的绿色属性具有客观的评价标准，不仅包括建材产品的绿色功能与承诺的一致，还包括建材在生产运营过程中尽量减少对环境的影响，如绿色标识反映了绿色建材产品的真实性，绿色功能反映了绿色建材使用的真实性，绿色生产运营反映了绿色组织的真实性。一般属性的客观真实性是绿色建材必须具备的基本或普通的建材属性，体现在绿色建材的原产地、产品质量和产品功能等方面。一般属性是绿色建材品牌的必备项，绿色属性是绿色建材品牌的加分项，二者合力作用于绿色建材的品牌客观真实性评价，这种以外在物理属性和符号线索为特征的客观真实构成了绿色建材品牌真实性的重要基础。

消费者还会依据自身的知识结构、社会经历和观念信仰等产生自己对绿色建材品牌真实性的理解，这反映了消费者对绿色建材品牌建构真实性的认知。例如：绿色建材品牌坚守品质、传承文化及承担社会责任等要素助推或升华消费者对绿色建材品牌传承的理解；绿色建材品牌的全方面解决方案让消费者感到省心，服务实诚让消费者感到舒心，品牌承诺让消费者感到放心，这些方面向消费者展现了绿色建材品牌真诚。绿色建材品牌传承和绿色建材品牌真诚是消费者基于社会经验和个人认知对绿色建材品牌建构真实性所形成的评价。

绿色建材品牌还具有存在真实性，能够帮助消费者发现或寻求真实的自我。当绿色建材品牌达到消费者对家居的期望、符合自我的审美习惯和装修风格时，消费者就会对认可的绿色建材品牌产生品牌满意或信任等情感，个体自我也能够得到满足和放松。同时，消费者也乐于向朋友介绍自己的绿色建材品牌购买心得和家居交流经验，有助于社会自我融入群体。而且绿色建材品牌所代表的绿色价值观体现了消费者环保关注的价值理念，展现了消费者自我参与环境保护的存在价值。绿色建材品牌成为消费者自我表达的象征或载体，以及消费者内部之间进行沟通的媒介，甚至成为消费者自我延伸的一部分。无论是个体自我、社会自我还是超自我的体验，均源于绿色建材品牌的象征性功能，故绿色建材品牌象征反映了绿色建材的品牌存在真实性。因此，本研究从绿色建材的品牌客观真实性、建构真实性和存在真实性三个角度切入，通过绿色属性、一般属性、品牌传承、品牌真诚和品牌象征五个维度讨论绿色建材的品牌真实性评价指标。

　　本研究关于绿色建材品牌真实性量表的编制主要借鉴已有研究的成熟量表。本研究主要借鉴了孙习祥和陈伟军[22]的绿色品牌真实性量表，另邀请课题组的成员对测量语义项进行了修改和完善，确保量表的可理解性，共提炼出 28 个绿色建材的品牌真实性语义项，具体内容如表 5-2 所示。其中：GA1 ～ GA5 构成了绿色属性的测量语义项，CA1 ～ CA6 组成了一般属性的测量语义项，BC1 ～ BC7 组成了品牌传承的测量语义项，BH1 ～ BH6 组成了绿色建材品牌真诚的测量语义项，BS1 ～ BS4 组成了品牌象征的测量语义项。

表 5-2　品牌真实性初始量表

编号	测量语义项
GA1	该绿色建材品牌具有国家建筑材料及装饰装修材料的环保标签
GA2	该绿色建材品牌采购合法来源木材和环保基材
GA3	该绿色建材品牌无醛安装
GA4	该绿色建材品牌无醛制造
GA5	该绿色建材品牌产品是隔音阻燃的
CA1	该绿色建材品牌都是原产地生产的，从不贴牌
CA2	该绿色建材品牌不开裂、不变形
CA3	该绿色建材品牌结实抗压、经久耐用
CA4	该绿色建材品牌具有防潮、调温、耐磨、耐刮擦和耐腐蚀等优异性能
CA5	该绿色建材品牌的色泽、质地和纹路很美观
CA6	该绿色建材品牌的服务便捷
BC1	该绿色建材品牌专注环保家居产品
BC2	该绿色建材品牌的加工工艺精度优良
BC3	该绿色建材品牌的风格、色彩和空间的设计一流
BC4	该绿色建材品牌是建材技术要求和铺装规范的行业典范

续表

编号	测量语义项
BC5	该绿色建材品牌认可可持续的绿色产业链文化
BC6	该绿色建材品牌一直有积极有效的环保行为
BC7	该绿色建材品牌一直有一定的社会公益投入
BH1	该绿色建材品牌严格质量监控
BH2	该绿色建材品牌的产品质量可信
BH3	该绿色建材品牌的服务是真诚的
BH4	该绿色建材品牌是家居行业的真诚标杆
BH5	该绿色建材品牌与公司健康家居的承诺是相符的
BH6	该绿色建材品牌健康、舒适和品位的承诺是可信的
BS1	该绿色建材品牌体现了我的绿色家居理念
BS2	使用该绿色建材品牌有助于赢得他人认同
BS3	该绿色建材品牌反映了我健康的家居生活方式
BS4	该绿色建材品牌为我的居家生活增添了意义

2. 预调研与测量题项净化

由于所编制的绿色建材品牌真实性初始量表包括的语义项较多，因此有必要对测量语义项进行净化处理。预调研问卷首先介绍绿色建材品牌的内涵；其次参考深度访谈和 2018 年《国家绿色建材品牌计划》列出一系列绿色地板品牌，要求被调查对象从中选出认为最真实可靠的绿色建材品牌作为参照品牌；最后依据被调查对象所选择的参照品牌完成品牌真实性的调查问卷（附录 E）。预调研采取在建材卖场和小区门外现场拦截发放问卷的方式进行，共发放线下问卷 300 份，获得 230 份有效样本，有效率达 76.67%。

表 5-3、表 5-4 和表 5-5 显示了品牌真实性三个核心维度语义项的 CITC 值和 Cronbach's α 系数。由表 5-3 可知，品牌客观真实性下的绿色属性和一般属性均存在 CITC 值小于 0.5 的题项。其中：绿色属性的 GA3 题项的 CITC=0.168 < 0.5，删除 GA3 后绿色属性维度的 Cronbach's α 系数从 0.728 增加到 0.818，超过 0.6，故剔除 GA3 题项，保留其余题项；一般属性的 CA5 题项的 CITC=0.267 < 0.5，CA6 题项的 CITC=0.238 < 0.5，在删除这两个题项后，一般属性整体的 Cronbach's α 系数从 0.737 增加到 0.821，超过 0.6，故剔除 CA5 和 CA6，保留该维度的其余题项。

表 5-3　品牌客观真实性的 CITC 值和信度（N=230）

编号	CITC 值	删除该项后的 Cronbach's α 系数	Cronbach's α 系数
GA1	0.648	0.616	
GA2	0.551	0.656	
GA3	0.168	0.818	初始 α 系数 =0.728
GA4	0.586	0.649	最终 α 系数 =0.818
GA5	0.600	0.640	
CA1	0.625	0.654	
CA2	0.604	0.664	
CA3	0.569	0.671	初始 α 系数 =0.737
CA4	0.573	0.670	最终 α 系数 =0.821
CA5	0.267	0.755	
CA6	0.238	0.764	

表 5-4　品牌建构真实性的 CITC 值和信度（N=230）

编号	CITC 值	删除该项后的 Cronbach's α 系数	Cronbach's α 系数
BC1	0.264	0.692	
BC2	0.526	0.618	
BC3	0.573	0.570	
BC4	0.229	0.699	初始 α 系数 =0.688
BC5	0.193	0.705	最终 α 系数 =0.827
BC6	0.533	0.617	
BC7	0.521	0.623	
BH1	0.555	0.707	
BH2	0.239	0.822	
BH3	0.539	0.714	初始 α 系数 =0.757
BH4	0.563	0.705	最终 α 系数 =0.822
BH5	0.619	0.692	
BH6	0.654	0.689	

表 5-5　品牌存在真实性的 CITC 值和信度（N=230）

编号	CITC 值	删除该项后的 Cronbach's α 系数	Cronbach's α 系数
BS1	0.712	0.710	
BS2	0.464	0.829	初始 α 系数 =0.806
BS3	0.649	0.744	最终 α 系数 =0.829
BS4	0.672	0.731	

　　由表 5-4 可以发现，品牌建构真实性下的品牌传承和品牌真诚存在 CITC 值小于 0.5 的题项。其中：品牌传承的 BC1 题项的 CITC=0.264 < 0.5，BC4 题项的 CITC=0.229 < 0.5，BC5 题项的 CITC=0.193 < 0.5，删除这三个题项后，

其余题项的 Cronbach's α 系数从 0.688 增加到 0.827，超过 0.6，故剔除这三个题项，保留品牌传承的其余题项；品牌真诚 BH2 题项的 CITC 值 =0.239 < 0.5，删除该题项后，其余题项的 Cronbach's α 系数从 0.757 增加到 0.822，超过 0.6，故剔除该题项，保留品牌真诚的其余题项。

由表 5-5 可以发现，品牌存在真实性下的品牌象征存在 CITC 值小于 0.5 的题项，BS2 题项的 CITC=0.464 < 0.5，剔除该题项后品牌象征题项的 Cronbach's α 系数从 0.806 增加到 0.829，超过 0.6，故剔除 BS2，保留品牌象征的其他题项。

3. 正式量表生成

绿色建材品牌真实性三大核心维度的探索性因子分析结果如表 5-6、表 5-7 和表 5-8 所示。

表 5-6　品牌客观真实性的因子分析结果 (N=230)

编号	品牌客观真实性因子载荷	
	1	2
GA1	0.814	—
GA2	0.782	—
GA4	0.817	—
GA5	0.777	—
CA1	—	0.769
CA2	—	0.812
CA3	—	0.823
CA4	—	0.792

表 5-7　品牌建构真实性的因子分析结果 (N=230)

编号	品牌建构真实性因子载荷	
	1	2
BC2	0.826	—
BC3	0.784	—
BC6	0.779	—
BC7	0.813	—
BH1	—	0.763
BH3	—	0.696
BH4	—	0.727
BH5	—	0.788
BH6	—	0.804

表 5-8 品牌存在真实性的因子分析结果（N=230）

编号	绿色建材品牌存在真实性因子载荷
	1
BS1	0.879
BS3	0.853
BS4	0.858

品牌客观真实性数据的 KMO 值 =0.781 ＞ 0.7，Bartlett 球形值为 421.408，Sig. 值为 0.000 ＜ 0.05，可开展因子分析。绿色建材的品牌客观真实性因子分析结果如表 5-6 所示，绿色建材的品牌客观真实性题项共提取出了 2 个因子，且品牌客观真实性所有题项的因子载荷均大于 0.6，可见品牌客观真实性的语义项均得以保留。

品牌建构真实性数据的 KMO 值 =0.796 ＞ 0.7，Bartlett 球形值为 487.735，Sig. 值为 0.000 ＜ 0.05，可开展因子分析。品牌建构真实性因子分析结果如表 5-7 所示，绿色建材品牌建构真实性题项共提取出了 2 个因子，且品牌建构真实性下的所有题项的因子载荷均大于 0.6，可见品牌建构真实性的语义项均得以保留。

品牌存在真实性数据的 KMO=0.720 ＞ 0.7，Bartlett 球形值为 163.624，Sig. 值为 0.000 ＜ 0.05，可开展因子分析。品牌存在真实性因子分析结果如表 5-8 所示，品牌存在真实性为单因子，无法进行旋转。品牌存在真实性语义项的因子载荷都超过 0.6，可见提纯后的品牌存在真实性题项全部予以保留。

经过预调研所得的数据净化绿色建材的品牌真实性语义项，最初的 28 个题项中编号为 GA3、CA5、CA6、BC1、BC4、BC5、BH2 和 BS1 的题项被剔除，总共保留了 20 个题项，其中品牌客观真实性的题项为 8 个，品牌建构真实性的题项为 9 个，品牌存在真实性的题项为 3 个，生成了正式的量表。

4. 验证性因子分析的样本概况

本研究基于绿色建材的品牌真实性语义项制定了正式调研问卷（附录 F）。本次正式调研主要通过课题组成员的亲朋好友在小区业主微信群和 QQ 群里发放在线问卷，为了提高被调查对象的参与积极性，给予每名完成在线问卷调查的参与者 3 元的红包奖励。本次调查问卷共收集 400 份问卷，删掉无效问卷后获得有效样本 260 份，问卷有效率为 65%。正式调研的有效样本概况如表 5-9 所示。其中：男性受调查者有 128 人，占比 49.23%；年龄 25～55 岁的有 253 人，占比 97.31%；受教育水平中硕士及硕士以上的有 26 人，占比 10%；年收入 5 万～10 万元的有 115 人，占比 44.23%；中部地区的受调查者占比 45.38%。可见，正式调研涵盖了不同类型的建材消费者，有助于提高调研结果的准确率。

表 5-9　正式调研有效样本概况（N=260）

统计内容	内容分类	人数 / 人	百分比 /%
性别	男	128	49.23
	女	132	50.77
年龄	25～35 岁	108	41.54
	36～45 岁	129	49.62
	46～55 岁	16	6.15
	55 岁以上	7	2.69
受教育水平	专科及专科以下	99	38.08
	本科	135	51.92
	硕士及硕士以上	26	10.00
年收入水平	5 万元以下	87	33.46
	5 万～10 万元	115	44.23
	10 万元以上	58	22.31
地区	东部地区	98	37.69
	中部地区	118	45.38
	西部地区	44	16.92

5. 信度和效度分析

在正式调研有效样本数据的基础上检验绿色建材品牌真实性各维度的信度和效度，其中品牌客观真实性的信度与收敛效度检验结果如表 5-10 所示。

表 5-10　品牌客观真实性的信度与收敛效度检验（N=260）

维度	测量项	因子载荷	Cronbach's α 系数	AVE 值	C.R. 值	拟合指标
绿色属性（GA）	GA1	0.750	0.827	0.552	0.831	CMIN/DF=1.832 GFI=0.968 AGFI=0.939 RMSEA=0.063
	GA2	0.733				
	GA4	0.701				
	GA5	0.785				

续表

维度	测量项	因子载荷	Cronbach's α 系数	AVE 值	C.R. 值	拟合指标
一般属性（CA）	CA1	0.676	0.840	0.575	0.843	NFI=0.959 PNFI=0.651 RFI=0.940 IFI=0.981
	CA2	0.805				
	CA3	0.806				
	CA4	0.738				

由表 5-10 可知：品牌客观真实性下绿色属性维度的 Cronbach's α 系数 =0.827 > 0.6，一般属性维度的 Cronbach's α 系数 =0.840 > 0.6，意味着这两个维度题项通过了信度检验；绿色属性的 AVE=0.552 > 0.5、C.R.=0.831 > 0.7，一般属性的 AVE=0.575 > 0.5、C.R.=0.843 > 0.7，且绿色属性和一般属性题项的因子载荷取值范围分别为 0.701 ~ 0.785 和 0.676 ~ 0.806，均大于 0.5；模型各项拟合指标的数值均满足要求。由此可知，品牌客观真实性的语义量表通过了收敛效度检验。

品牌客观真实性的判别效度如表 5-11 所示。品牌客观真实性语义量表各变量的 AVE 值的平方根都高于变量之间的相关系数，表明品牌客观真实性量表具有较高的判别效度。

表 5-11　品牌客观真实性的判别效度分析结果（N=260）

项目	GA	CA
GA	(0.743)	—
CA	0.460	(0.758)

注：对角线数值为各维度 AVE 值的平方根。

由于品牌存在真实性只有三个观察因子，在进行结构方程模型分析时易出现饱和模型，故将品牌建构真实性和品牌存在真实性放入一个模型中分析收敛效度。品牌建构真实性和品牌存在真实性的信度和收敛效度检验结果如表 5-12 所示。

表 5-12   品牌建构真实性和存在真实性的信度和收敛效度检验（*N*=260）

维度	语义项	因子载荷	Cronbach's α 系数	AVE 值	C.R. 值	拟合指标
品牌传承 （BC）	BC2	0.840	0.886	0.660	0.886	CMIN/DF=1.594 GFI=0.950 AGFI=0.924 RMSEA=0.061 CFI=0.979 NFI=0.946 PNFI=0.731 RFI=0.931 IFI=0.979
	BC3	0.804				
	BC6	0.784				
	BC7	0.820				
品牌真诚 （BH）	BH1	0.728	0.845	0.526	0.847	
	BH3	0.719				
	BH4	0.689				
	BH5	0.752				
	BH6	0.738				
品牌象征 （BS）	BS1	0.823	0.823	0.610	0.824	
	BS3	0.793				
	BS4	0.723				

由表 5-12 可知：品牌建构真实性下品牌传承维度的 Cronbach's α 系数 =0.886 ＞ 0.6，品牌真诚维度的 Cronbach's α 系数 =0.845 ＞ 0.6，意味着这两个变量通过了信度检验；品牌传承维度的 AVE=0.660 ＞ 0.5、C.R.=0.886 ＞ 0.7，品牌真诚维度的 AVE=0.526 ＞ 0.5、C.R.=0.847 ＞ 0.7，且品牌传承和品牌真诚题项的因子载荷范围分别为 0.784 ～ 0.840 和 0.689 ～ 0.752，均大于 0.5；品牌存在真实性的单维度品牌象征的 Cronbach's α 系数 =0.823 ＞ 0.6，意味着此单维度语义项通过了信度检验；品牌象征的 AVE=0.610 ＞ 0.5、C.R.=0.824 ＞ 0.7；同时模型的各项拟合指标数值都满足相应要求。由此可见，品牌建构真实性和存在真实性的语义量表通过了收敛效度检验。

表 5-13 显示了品牌建构真实性的判别效度检验结果。根据表 5-13，品牌建构真实性量表各变量的 AVE 值的平方根全高于变量之间的相关系数，意味着品牌建构真实性量表的判别效度良好。由于品牌存在真实性只有一个维度，故无法进行判别效度分析。

表 5-13 品牌建构真实性的判别效度分析结果（*N*=260）

项目	BC	BH
BC	(0.812)	—
BH	0.472	(0.725)

注：对角线数值为各维度 AVE 值的平方根。

除分别检验品牌客观真实性、建构真实性和存在真实性量表的信度和效度外，还需采用二阶验证性因子分析检验品牌真实性整体语义量表的信度和效度，检验结果如表 5-14 所示。其中：绿色属性的 Cronbach's α 系数 =0.827 > 0.7，一般属性的 Cronbach's α 系数 =0.840 > 0.7，品牌传承的 Cronbach's α 系数 =0.886 > 0.7，品牌真诚的 Cronbach's α 系数 =0.845 > 0.7，品牌象征的 Cronbach's α 系数 =0.823 > 0.7，意味着这五个维度语义项的信度满足要求；五个维度的 AVE 依次是 0.558、0.564、0.662、0.525 和 0.609，都满足高于 0.5 的要求；五个维度的 C.R. 依次是 0.834、0.838、0.887、0.847 和 0.823，都满足超过 0.7 的要求；五个维度的语义项因子载荷的取值范围依次为 0.711 ～ 0.779、0.727 ～ 0.795、0.774 ～ 0.846、0.685 ～ 0.737 和 0.724 ～ 0.818，都满足高于 0.5 的要求。品牌真实性整体模型的各项拟合指标数值都符合相应要求，由此可见品牌真实性整体语义量表的收敛效度良好。

表 5-14　品牌真实性的信度检验与验证性因子分析（N=260）

维度	语义项	因子载荷	Cronbach's α 系数	AVE 值	C.R. 值	拟合指标
绿色属性（GA）	GA1	0.761	0.827	0.558	0.834	CMIN/DF=1.465 GFI=0.923 AGFI=0.896 RMSEA=0.070 CFI=0.972 NFI=0.913 PNFI=0.740 RFI=0.893 IFI=0.971
	GA2	0.734				
	GA4	0.711				
	GA5	0.779				
一般属性（CA）	CA1	0.727	0.840	0.564	0.838	
	CA2	0.736				
	CA3	0.745				
	CA4	0.795				
品牌传承（BC）	BC2	0.846	0.886	0.662	0.887	
	BC3	0.805				
	BC6	0.774				
	BC7	0.827				
品牌真诚（BH）	BH1	0.735	0.845	0.525	0.847	
	BH3	0.728				
	BH4	0.685				
	BH5	0.737				
	BH6	0.736				
品牌象征（BS）	BS1	0.818	0.823	0.609	0.823	
	BS3	0.796				
	BS4	0.724				

绿色建材的品牌真实性判别效度的检验结果如表 5-15 所示，从绿色属性、一般属性、品牌传承、品牌真诚和品牌象征的相关系数和 AVE 值得知，五大变量 AVE 值的平方根都高于变量之间的相关系数，表明绿色建材的品牌真实性语义量表的判别效度良好。

表 5-15 品牌真实性的判别效度分析结果（N=260）

项目	GA	CA	BC	BH	BS
GA	(0.747)	—	—	—	—
CA	0.486	(0.751)	—	—	—
BC	0.309	0.338	(0.814)	—	—
BH	0.535	0.428	0.480	(0.725)	—
BS	0.362	0.362	0.374	0.544	(0.780)

注：对角线数值为各维度 AVE 值的平方根。

6. 竞争模型检验

在之前的环节中已通过验证性因子分析检验了绿色建材品牌真实性模型的信度和效度，但为了检验品牌真实性模型的优劣，有必要将品牌真实性模型与其竞争模型进行对比分析。其中：单因子模型由所有绿色建材的品牌真实性语义项组成；二因子模型中的第一个因子是指品牌客观真实性（绿色属性和一般属性），第二个因子由建构真实性和存在真实性（品牌传承、品牌真诚和品牌象征）构成；三因子模型对应品牌客观真实性、建构真实性和存在真实性三个核心维度；四因子模型中的绿色属性和一般属性为一个因子，品牌传承、品牌真诚和品牌象征依次为剩余的三个因子；五因子模型则一一对应着品牌真实性的五个维度。品牌真实性各竞争模型的检验结果如表 5-16 所示。

表 5-16 各竞争模型拟合指数（N=260）

项目	CMIN/DF	GFI	AGFI	RMSEA	CFI	NFI	PNFI	RFI	IFI
单因子模型	6.680	0.655	0.552	0.179	0.603	0.569	0.482	0.491	0.608
二因子模型	5.543	0.712	0.618	0.170	0.700	0.661	0.536	0.593	0.633
三因子模型	4.053	0.760	0.683	0.151	0.790	0.743	0.619	0.691	0.793
四因子模型	2.310	0.877	0.834	0.102	0.912	0.856	0.701	0.824	0.913
五因子模型	1.473	0.918	0.887	0.066	0.969	0.910	0.728	0.888	0.969

由表 5-16 可知，对比品牌真实性各竞争模型的拟合指标能够发现品牌真实性五因子模型的拟合效果最为理想。此外，绿色建材的品牌真实性模型结构的可信性已被验证，这表明了本研究所构建的绿色建材的品牌真实性维度模型为最优模型。

（二）其他相关变量的测量

1. 绿色透明化

绿色透明化即绿色建材品牌明确地提供品牌环保政策的相关信息和坦率地承认建材生产运营过程对环境的影响。绿色透明化有助于消费者了解绿色建材品牌的原材料来源、生产加工环节是否节能减排、产品是否具有环保性能等相关环保信息，这些信息揭开了绿色建材品牌环保性的"真实面貌"。安德烈斯·埃格特（Andreas Eggert）和塞巴利纳·赫尔姆（Sabrina Helm）[235] 提出了绿色透明化的量表；洛博等 [106] 将绿色透明化运用到了绿色品牌领域，并基于埃格特和赫尔姆的量表设计了绿色透明化的量表。本研究关于绿色透明化的语义项参考了洛博等 [106] 的研究成果，如表 5-17 所示。

表 5-17　绿色透明化语义项

编号	语义项	参考来源
GP1	该绿色建材品牌清楚地解释了如何控制生产过程中可能危害环境的排放物	洛博等 [106]
GP2	该绿色建材品牌清晰地披露了与生产过程相关的环境问题的相关信息	
GP3	该绿色建材品牌的产品认证、质量检测、环境监测、成分含量和参数性能指标等相关信息明确标注	—
GP4	该绿色建材品牌以明确和完整的方式公布品牌的环境政策和环保实践	—

2. 绿色怀疑

尽管部分学者将怀疑视为个性特点，但大多数学者认为怀疑是独立于个性特征的、由情境因素诱发的一种消费者状态 [179]。因此，吴施广和巴拉吉 [166] 将特定情境下消费者质疑或不相信绿色产品环保主张的负面态度称为绿色怀疑。参照此定义，吴宏哲等 [194] 提出了绿色品牌怀疑。基于此，本研究将绿色建材的绿色怀疑界定为在存在误导、误解和歪曲性绿色建材环保信息，以及缺乏统一的绿色建材认证程序和标准的情境下，消费者对绿色建材品牌的环保主张或环保表现不信任或质疑的倾向。本研究设计的绿色怀疑量表参考吴宏哲等[194]的绿色品牌怀疑量表，涵盖 4 个语义项，如表 5-18 所示。

表 5-18   绿色怀疑语义项

编号	语义项	参考来源
GS1	大多数关于该绿色建材品牌产品或广告的环保主张都是真实的	吴宏哲等[194]
GS2	由于环保主张被夸大了，如果消除了这种绿色建材品牌广告中的主张，消费者会更满意	
GS3	该绿色建材品牌产品或广告中的大多数环保声明都旨在误导而不是告知消费者	
GS4	我不相信该绿色建材品牌产品或广告中的大多数环保主张	

3. 自我—品牌联结

詹妮弗·埃德森·埃斯卡拉斯（Jennifer Edson Escalas）和詹姆斯·R. 贝特曼（James R. Bettman）[236]设计了自我—品牌联结量表，由 7 个语义项构成。张辉和刘文德[237]基于中国文化情境，以旅游品牌为例，提出了自我—品牌联结量表，主要包括 3 个测量题项。洛博等[106]参考设计了消费者自我与绿色品牌联结量表，主要包括 3 个测量题项。本研究主要借鉴张辉和刘文德[237]及洛博等[106]的研究成果设计自我—品牌联结量表，涵盖 3 个语义项，如表 5-19所示。

表 5-19   自我—品牌联结语义项

编号	语义项	参考来源
SBC1	该绿色建材品牌的形象与我自己追求的形象在很多方面是一致的	张辉、刘文德[237]和洛博等[106]
SBC2	该绿色建材品牌表达了与我相似或我想成为的这类人的很多东西	
SBC3	该绿色建材品牌让我感到强烈的归属感	

4. 认知需要

认知需要反映消费者在绿色建材品牌消费过程中处理绿色建材品牌相关信息的内在动机和享受复杂性思考的倾向。本研究的认知需要量表主要借鉴赫伯特·布莱斯（Herbert Bless）等[238]的研究成果，涵盖 3 个语义项，如表 5-20 所示。

表 5-20 认知需要语义项

维度	编号	语义项	参考来源
认知需要 (NFC)	NFC1	我宁愿做一些不需要思考的事情，也不愿做一些肯定会挑战我思维能力的事情	布莱斯等 [238]
	NFC2	我在长时间的苦思冥想中得不到满足	
	NFC3	我不喜欢承担处理一个需要很多思考的问题的责任	

5. 人口统计变量

人口统计变量主要涉及婚姻状况、家庭小孩年龄、地区和年收入水平等四个方面，用编码法来测量上述四个变量。婚姻状况和家庭小孩年龄测量水平参考万敏琍和托皮宁 [210] 的划分方式：婚姻状况分别用 1 和 2 代表单身和非单身；家庭小孩年龄分别用 1 代表家庭没有小孩，2 代表家庭小孩年龄小于 3 岁，3 代表家庭小孩年龄为 3～6 岁，4 代表家庭小孩年龄为 7～9 岁，5 代表家庭小孩年龄为 10～12 岁，6 代表家庭小孩年龄大于 12 岁。地区和年收入主要参考蔡振（Zhen Cai）等 [239] 的划分方式：1 代表中部地区，2 代表西部地区，3 代表东部地区；年收入水平的测量分为五个层次，1 代表年收入为 5 万元以下，2 代表年收入为 5 万～10 万元（不含），3 代表年收入为 10 万～15 万元（不含），4 代表年收入为 15 万～20 万元（不含），5 代表年收入为 20 万元及 20 万元以上。

二、预调研与量表优化

（一）预调研

1. 问卷设计

为了帮助被调查者更好地理解绿色建材品牌内涵，调查问卷参考 2018 年《国家绿色建材品牌计划》挑选了具有代表性的、国内消费者评价较高的绿色地板品牌构成测试品牌集。调查问卷由三部分构成：第一部分要求被调查对象从一系列的绿色地板品牌中选择最真实可靠的绿色建材品牌作为参照品牌，或给出自己认为最真实可靠的绿色建材品牌；第二部分既包括品牌真实性和绿色建材品牌推崇主变量的语义项，也包括模型中涉及的绿色透明化、绿色怀疑、认知需要和自我—品牌联结等相关变量的语义项，语义项采用7点量表法，要求消费者依据实际想法勾选；第三部分是对婚姻状况、家庭小孩年龄、地区及年收入水平等变量的调查。具体调查问卷见附录G。

2. 数据收集

本次预调研主要通过课题组成员的亲朋好友在小区业主微信群和QQ群里发放在线问卷的方式完成，为了提高被调查对象的参与积极性，给予每名完成在线问卷调查的参与者3元的红包奖励。本次调查问卷共发送300份问卷，获得有效问卷205份，问卷有效率为68.33%。预调研的有效样本概况如表5-21所示。其中：单身为88人，占有效样本数的42.93%；家庭无小孩为27人，占有效样本数的13.17%；中部地区为109人，占有效样本数的53.17%；年收入5万～10万元（不含）的为56人，占有效样本数的27.32%。

表 5-21　预调研有效样本概况（N=205）

内容	内容分类	人数/人	百分比/%
婚姻状况	单身	88	42.93
	非单身	117	57.07
家庭小孩年龄	无小孩	27	13.17
	小孩年龄小于3岁	69	33.66
	小孩年龄为3～6岁	40	19.51
	小孩年龄为7～9岁	31	15.12
	小孩年龄为10～12岁	13	6.34
	小孩年龄大于12岁	25	12.20
地区	东部地区	64	31.22
	中部地区	109	53.17
	西部地区	32	15.61
年收入水平	5万元以下	25	12.20
	5万～10万元（不含）	56	27.32
	10万～15万元（不含）	49	23.90
	15万～20万元（不含）	43	20.98
	20万元以上	32	15.61

（二）量表优化

本研究依据预调研的有效数据提炼语义项，删除难以有效描述维度的语义项，检验绿色透明化、绿色怀疑、自我—品牌联结和认知需要等量表的信度，并依次优化绿色透明化、绿色怀疑、自我—品牌联结和认知需要等相关变量的语义项。

1. 绿色透明化的 CITC 值和信度

根据表 5-22：绿色透明化的语义项 GP1 的 CITC 值 =0.721 > 0.5，GP2 的 CITC 值 =0.730 > 0.5，GP3 的 CITC 值 =0.719 > 0.5，GP4 的 CITC 值 =0.738 > 0.5；绿色透明化量表整体的 Cronbach's α 系数 =0.872 > 0.6。以上数据都满足相应要求，因此该维度的语义项都应保留。

表 5-22　绿色透明化的 CITC 值和信度（N=205）

编号	CITC 值	删除该项后的 Cronbach's α 系数	Cronbach's α 系数
GP1	0.721	0.838	初始 α 系数 =0.872 最终 α 系数 =0.872
GP2	0.730	0.835	
GP3	0.719	0.840	
GP4	0.738	0.832	

2. 绿色怀疑的 CITC 值和信度

根据表 5-23，绿色怀疑的语义项 GS1 的 CITC 值 =0.373 < 0.5，剔除 GS1 后，绿色怀疑量表整体的 Cronbach's α 系数从 0.814 增加到 0.874，超过 0.6，满足相应要求。因此，删除 GS1，保留绿色怀疑的其余语义项。

表 5-23　绿色怀疑的 CITC 值和信度（N=205）

编号	CITC 值	删除该项后的 Cronbach's α 系数	Cronbach's α 系数
GS1	0.373	0.874	初始 α 系数 =0.814 最终 α 系数 =0.874
GS2	0.717	0.737	
GS3	0.737	0.722	
GS4	0.761	0.709	

3. 自我—品牌联结的 CITC 值和信度

根据表 5-24：自我—品牌联结的语义项 SBC1 的 CITC 值 =0.670 > 0.5，

SBC2 的 CITC 值 =0.681 > 0.5，SBC3 的 CITC 值 =0.641 > 0.5；自我—品牌联结量表整体 Cronbach's α 系数 =0.810 > 0.6。以上数据都满足相应要求，因此自我—品牌联结的语义项都应该保留。

表 5-24　自我—品牌联结的 CITC 值和信度（*N*=205）

编号	CITC 值	删除该项后的 Cronbach's α 系数	Cronbach's α 系数
SBC1	0.670	0.728	
SBC2	0.681	0.726	初始 α 系数 =0.810 最终 α 系数 =0.810
SBC3	0.641	0.769	

4. 认知需要的 CITC 值和信度

根据表 5-25：认知需要的语义项 NFC1 的 CITC 值 =0.752 > 0.5，NFC2 的 CITC 值 =0.679 > 0.5，NFC3 的 CITC 值 =0.760 > 0.5；认知需要整体的 Cronbach's α 系数 =0.857 > 0.6。以上数据都满足相应要求，因此认知需要的语义项都应该保留。

表 5-25　认知需要的 CITC 值和信度（*N*=205）

编号	CITC 值	删除该项后的 Cronbach's α 系数	Cronbach's α 系数
NFC1	0.752	0.778	
NFC2	0.679	0.845	初始 α 系数 =0.857 最终 α 系数 =0.857
NFC3	0.760	0.770	

通过对绿色透明化、绿色怀疑、自我—品牌联结和认知需要等维度进行 CITC 值和信度检验可以发现，除剔除绿色怀疑的 GS1 题项外，绿色怀疑的剩余语义项和绿色透明化、自我—品牌联结、认知需要的全部语义项的 CITC 值都超过 0.5，且所有维度整体的 Cronbach's α 系数都超过 0.6，说明绿色透明化、绿色怀疑、自我—品牌联结和认知需要等维度的语义量表信度良好。

（三）正式量表生成

考虑到量表的测量题项可能存在信息重叠的现象，本研究利用 SPSS 20.0 软件依次对品牌真实性与绿色建材品牌推崇影响研究中所涉及的绿色透明化、绿色怀疑、自我—品牌联结和认知需要等变量进行探索性因子分析，以确定正式量表。

1. 绿色透明化的因子分析

绿色透明化有效样本的 KMO 值 =0.830 > 0.7，Bartlett 球形值为 295.905，Sig. 值为 0.000 < 0.05，可开展因子分析。绿色品牌透明化因子分析结果如表 5-26 所示。因为绿色透明化为单因子，故无法进行旋转。绿色透明化语义项 GP1 ～ GP4 的因子载荷取值范围为 0.845 ～ 0.857，全部超过 0.6，四个语义项都与绿色透明化对应，因此绿色透明化语义项均应保留。

表 5-26　绿色透明化的因子分析结果（N=205）

编号	绿色品牌透明化因子载荷
	1.000
GP1	0.857
GP2	0.854
GP3	0.847
GP4	0.845

2. 绿色怀疑的因子分析

绿色怀疑有效样本的 KMO 值 =0.722 > 0.7，Bartlett 球形值为 245.580，Sig. 值为 0.000 < 0.05，可开展因子分析。绿色怀疑因子分析结果如表 5-27 所示。因为绿色怀疑为单因子，故无法进行旋转。绿色怀疑语义项 GS2 ～ GS4 的因子载荷取值范围为 0.857 ～ 0.915，全部超过 0.6，三个语义项都与绿色透明化对应，因此绿色怀疑的语义项都应该保留。

表 5-27　绿色怀疑的因子分析结果（N=205）

编号	绿色品牌怀疑因子载荷
	1.000
GS2	0.857
GS3	0.910
GS4	0.915

3. 自我—品牌联结的因子分析

自我—品牌联结有效样本的 KMO 值为 =0.715 > 0.7，Bartlett 球形值为 156.629，Sig. 值为 0.000 < 0.05，可开展因子分析。自我—品牌联结因子分

析结果如表 5-28 所示。因为自我—品牌联结是单因子，故无法进行旋转。自我—品牌联结语义项 SBC1 ～ SBC3 的因子载荷全部超过 0.6，三个语义项都与自我—品牌联结对应，因此自我—品牌联结的语义项都应该保留。

表 5-28　自我—品牌联结的因子分析结果（N=205）

编号	自我—品牌联结因子载荷
	1.000
SBC1	0.865
SBC2	0.860
SBC3	0.839

4. 认知需要的因子分析

认知需要有效样本的 KMO 值 =0.722 ＞ 0.7，Bartlett 球形值为 210.677，Sig. 值为 0.000 ＜ 0.05，可开展因子分析。认知需要因子分析结果如表 5-29 所示。因为认知需要是单因子，故无法进行旋转。认知需要语义项 NFC1 ～ NFC3 的因子载荷全部超过 0.6，三个语义项都与认知需要对应，因此认知需要语义项都应该保留。

表 5-29　认知需要的因子分析结果（N=205）

编号	认知需要因子载荷
	1.000
NFC1	0.899
NFC2	0.894
NFC3	0.850

通过对绿色透明化、绿色怀疑、自我—品牌联结和认知需要等变量初始量表进行提纯和探索性因子分析，得到了 13 个语义项，结合前文品牌真实性和绿色建材品牌推崇的测量题项，总共得到 53 个测量题项。其中：品牌真实性和绿色建材品牌推崇各自涵盖 20 个语义项；绿色透明化涵盖 4 个语义项；绿色怀疑涵盖 3 个语义项；自我—品牌联结涵盖 3 个语义项；认知需要涵盖 3 个语义项。品牌真实性对绿色建材品牌推崇正式量表所包含的语义项及对应变量如表 5-30 所示。

表 5-30　品牌真实性对绿色建材品牌推崇相关变量及测量题项

变量	语义项编号	项数／个
品牌真实性	GA1、GA2、GA4、GA5、CA1、CA2、CA3、CA4、BC2、BC3、BC6、BC7、BH1、BH3、BH4、BH5、BH6、BS1、BS3、BS4	20
绿色建材品牌推崇	GBBA1、GBBA3、GBBA4、GBBA7、GBBA8、BBA2、BBA3、BBA4、BBA5、BBA6、PI2、PI3、PI4、WOM2、WOM3、WOM4、OBR1、OBR2、OBR3、OBR4	20
绿色透明化	GP1、GP2、GP3、GP4	4
绿色怀疑	GS2、GS3、GS4	3
自我—品牌联结	SBC1、SBC2、SBC3	3
认知需要	NFC1、NFC2、NFC3	3

三、正式调研与量表检验

（一）正式调研数据收集

基于预调研的调查结果设计品牌真实性对绿色建材品牌推崇影响研究的正式调研问卷（附录 H）。考虑到品牌真实性对绿色建材品牌推崇影响研究的相关变量较多，且课题组社会关系网络覆盖面存在一定的局限性，为了扩大被调研对象的覆盖面和提高正式调研的准确性，本研究除了通过社会关系网络在亲朋好友的业主 QQ 群和微信群发放正式调研问卷，还依托问卷星样本服务在全国范围内收集调研数据。依据布鲁斯·汤普森（Bruce Thompson）[240] 对样本数量的建议，品牌真实性对绿色建材品牌推崇影响研究涉及 53 个观测变量，有效样本数目应为 530 ～ 795。本次调研共发放 1000 份调研问卷，共获得 641 份有效问卷，符合结构方程模型的样本数目要求。正式调研的人口统计变量概况如表 5-17 所示。男性有 316 人，占比 45.31%；25 ～ 55 岁有 606 人，占比 94.54%；硕士及硕士以上学历有 134 人，占比 20.90%；非单身者为 395 人，占比 61.62%；家庭小孩年龄 3 ～ 6 岁为 136 人，占比 21.22%；东部地区为 208 人，占比 32.45%；年收入 10 万～ 15 万元（不含）有 219 人，占比 34.17%。从正式调研的人口统计特征不难发现，此次正式调研覆盖的人群较广，不同类型的建材消费者均有涉及，说明正式调研的有效样本数据较为合理。

表 5-31　正式调研的人口统计变量概况（*N*=641）

内容	分类	人数 / 人	百分比 /%
性别	女	325	54.69
	男	316	45.31
年龄	25～35 岁	288	44.93
	36 岁～45 岁	259	40.41
	46 岁～55 岁	59	9.20
	55 岁以上	35	5.46
学历	专科及专科以下	223	34.79
	本科	284	44.31
	硕士及硕士以上	134	20.90
婚姻状况	单身	246	38.38
	非单身	395	61.62
家庭小孩年龄	无小孩	74	11.54
	小孩年龄小于 3 岁	157	24.49
	小孩年龄为 3～6 岁	136	21.22
	小孩年龄为 7～9 岁	114	17.78
	小孩年龄为 10～12 岁	91	14.20
	小孩年龄大于 12 岁	69	10.76
地区	东部地区	208	32.45
	中部地区	239	37.29
	西部地区	194	30.26
年收入水平	5 万元以下	79	12.32
	5 万～10 万元（不含）	109	17.00
	10 万～15 万元（不含）	219	34.17
	15 万～20 万元（不含）	168	26.21
	20 万元以上	66	10.30

　　从被调查对象所选择的绿色建材品牌分布可以发现，排在前五位的绿色建材品牌分别为圣象（19.42%）、大自然（17.31%）、久盛（14.62%）、大卫（11.85%）、德尔（9.29%），分布如图 5-1 所示。这些绿色建材品牌在安全节能、健康品质、净味环保等方面均属于行业的佼佼者，说明各类绿色建材品牌已逐

渐获得了消费者的广泛关注和认同，在绿色创新方面采取有效措施的绿色建材品牌更容易在同类品牌中凸显出来，也更易赢得消费者的关注和青睐。

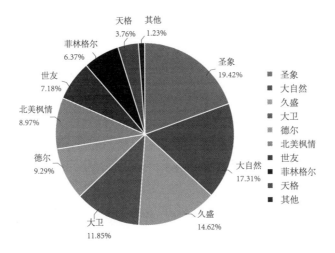

图 5-2 正式调研被调查对象所选绿色建材品牌分布

（二）信度分析

在品牌真实性对绿色建材品牌推崇的影响研究中，正式调研量表所有语义项的信度检验结果如表 5-32 所示，全部维度的 Cronbach's α 系数都超过 0.7。由此可见，品牌真实性对绿色建材品牌推崇的影响研究中的全部量表都通过了信度检验，符合相应的判断标准。

表 5-32 正式调研量表的信度检验结果（N=641）

维度	语义项数目/个	Cronbach's α 系数
绿色属性（GA）	4	0.805
一般属性（CA）	4	0.820
品牌传承（BC）	4	0.841
品牌真诚（BH）	5	0.857
品牌象征（BS）	3	0.827
绿色建材属性（GBBA）	5	0.862
品牌建材属性（BBA）	5	0.853
购买意向（PI）	3	0.809

续表

维度	语义项数目 / 个	Cronbach's α 系数
口碑推荐（WOM）	3	0.792
竞争品牌抵制（OBR）	4	0.854
绿色透明化（GP）	4	0.837
绿色怀疑（GS）	3	0.822
自我—品牌联结（SBC）	3	0.773
认知需要（NFC）	3	0.837

（三）效度分析

绿色建材品牌推崇量表是按照扎根理论的研究步骤制定的；品牌真实性的量表结合文献研究、深度访谈和焦点小组等方法总结得出；绿色透明化、绿色怀疑、自我—品牌联结和认知需要等的语义项均参考已有的成熟量表，可见这4个变量量表的内容效度良好。研究模型中所涉及变量的收敛效度和判别效度主要通过 AMOS 21.0 软件检验。

1. 品牌客观真实性效度分析

表5-33反映的是客观真实性收敛效度检验的结果。由该表可知，绿色属性的平均变异抽取值 AVE=0.509 > 0.5，一般属性的 AVE=0.535 > 0.5，绿色属性的组合信度 C.R.=0.806 > 0.7，一般属性的 C.R.=0.821 > 0.7，且绿色属性和一般属性的语义项因子载荷的取值范围分别为 0.699～0.731 和 0.704～0.757，全部超过 0.6，品牌客观真实性的各项拟合指标都满足要求。由此可见，品牌客观真实性量表的收敛效度良好。

表 5-33 品牌客观真实性的收敛效度检验结果（N=641）

维度	语义项	因子载荷	AVE 值	C.R. 值	拟合指标
绿色属性（GA）	GA1	0.714	0.509	0.806	CMIN/DF=2.175 GFI=0.984 AGFI=0.970 RMSEA=0.038 CFI=0.984 NFI=0.977 PNFI=0.663 RFI=0.966 IFI=0.987
	GA2	0.699			
	GA4	0.710			
	GA5	0.731			
一般属性（CA）	CA1	0.704	0.535	0.821	
	CA2	0.748			
	CA3	0.757			
	CA4	0.715			

表 5-34 反映的是品牌客观真实性判别效度的检验结果。品牌客观真实性下两个变量 AVE 值的平方根都高于变量之间的相关系数，由此可见品牌客观真实性量表的判别效度良好。

表 5-34 品牌客观真实性的判别效度检验结果（N=641）

项目	GA	CA
GA	(0.713)	—
CA	0.526	(0.731)

注：对角线数值为各维度 AVE 值的平方根。

2. 品牌建构真实性和存在真实性的效度分析

品牌存在真实性属于单维变量，且测量题项较少，为防止品牌存在真实性在进行结构方程模型分析时出现饱和模型，本研究将品牌建构真实性和存在真实性两个维度放在同一个模型中检验其收敛效度。表 5-35 是品牌建构真实性和存在真实性收敛效度的检验结果。由该表可知，品牌传承的 AVE=0.571 ＞ 0.5，品牌真诚的 AVE=0.546 ＞ 0.5，品牌象征的 AVE=0.614 ＞ 0.5，品牌传承的 C.R.=0.842 ＞ 0.7，品牌真诚的 C.R.=0.857 ＞ 0.7，品牌象征的 C.R.=0.827 ＞ 0.7，且品牌传承、品牌真诚和品牌象征的语义项因子载荷的取值范围依次为 0.720 ～ 0.796、0.711 ～ 0.761 和 0.743 ～ 0.814，全部超过 0.6，该模型的各项拟合指标都满足要求。由此可见，品牌建构真实性和存在真实性量表的收敛效度良好。

表 5-35　品牌建构真实性和存在真实性的收敛效度检验结果（*N*=641）

维度	语义项	因子载荷	AVE 值	C.R. 值	拟合指标
品牌传承（BC）	BC2	0.796	0.571	0.842	
	BC3	0.740			
	BC6	0.720			
	BC7	0.764			CMIN/DF=2.477
品牌真诚（BH）	BH1	0.711	0.546	0.857	GFI=0.967
	BH3	0.751			AGFI=0.950
					RMSEA=0.038
	BH4	0.761			CFI=0.978
	BH5	0.743			NFI=0.963
					PNFI=0.744
	BH6	0.728			RFI=0.952
品牌象征（BS）	BS1	0.814	0.614	0.827	IFI=0.978
	BS3	0.743			
	BS4	0.792			

表 5-36 反映的是品牌建构真实性的判别效度检验的结果。品牌传承和品牌真诚两个变量的 AVE 值的平方根都超过变量之间的相关系数，由此可见品牌建构真实性量表判别效度良好。因为品牌存在真实性是单维度，故无法进行判别效度检验。

表 5-36　品牌建构真实性的判别效度检验结果（*N*=641）

项目	BC	BH
BC	(0.756)	—
BH	0.531	(0.739)

注：对角线数值为各维度 AVE 值的平方根。

3. 信念性绿色建材品牌推崇的效度检验

表 5-37 是信念性绿色建材品牌推崇收敛效度检验的结果。其中，绿色建材属性的 AVE=0.557 > 0.5、C.R.=0.863 > 0.7，品牌建材属性的 AVE=0.538 > 0.5、C.R.=0.853 > 0.7，且绿色建材属性和品牌建材属性的语义项因子载荷的取值范围依次为 0.683 ~ 0.797 和 0.713 ~ 0.769，全部超过 0.6，信念性绿色建材品牌推崇的各项拟合指标均满足要求。由此可见，信念性绿色建

材品牌推崇量表的收敛效度良好。

表 5-37　信念性绿色建材品牌推崇的收敛效度检验结果（*N*=641）

维度	语义项	因子载荷	AVE 值	C.R. 值	拟合指标
绿色建材属性（GBBA）	GBBA1	0.784	0.557	0.863	CMIN/DF=1.613 GFI=0.983 AGFI=0.973 RMSEA=0.035 CFI=0.993 NFI=0.981 PNFI=0.741 RFI=0.975 IFI=0.993
	GBBA3	0.797			
	GBBA4	0.748			
	GBBA7	0.715			
	GBBA8	0.683			
品牌建材属性（BBA）	BBA2	0.732	0.538	0.853	
	BBA3	0.716			
	BBA4	0.769			
	BBA5	0.735			
	BBA6	0.713			

表 5-38 是信念性绿色建材品牌推崇判别效度的检验结果。其中，绿色建材属性和品牌建材属性两个变量 AVE 值的平方根都超过变量之间的相关系数，由此可见信念性绿色建材品牌推崇量表的判别效度良好。

表 5-38　信念性绿色建材品牌推崇的判别效度检验结果（*N*=641）

项目	GBBA	BBA
GBBA	(0.746)	—
BBA	0.679	(0.733)

注：对角线数值为各维度 AVE 值的平方根。

4. 行为性绿色建材品牌推崇的效度分析

表 5-39 是行为性绿色建材品牌推崇收敛效度的检验结果。其中，品牌购买意向的 AVE=0.589 ＞ 0.5、C.R.=0.811 ＞ 0.7，品牌口碑推荐的 AVE=0.539 ＞ 0.5、C.R.=0.778 ＞ 0.7，竞争品牌抵制的 AVE=0.596 ＞ 0.5、C.R.=0.855 ＞ 0.7，三个维度语义项因子载荷的取值范围依次为 0.738 ～ 0.818、0.729 ～ 0.737 和 0.730 ～ 0.820，全部超过 0.6，行为性绿色建材品牌推崇的各项拟合指标都满足要求。由此可见，行为性绿色建材品牌推崇量表的收敛效度良好。

表 5-39　行为性绿色建材品牌推崇的收敛效度检验结果 (*N*=641)

维度	语义项	因子载荷	AVE 值	C.R. 值	拟合指标
品牌购买意向（PI）	PI2	0.818	0.589	0.811	CMIN/DF=2.585 GFI=0.976 AGFI=0.955 RMSEA=0.073 CFI=0.983 NFI=0.972 PNFI=0.627 RFI=0.957 IFI=0.983
	PI3	0.738			
	PI4	0.744			
品牌口碑推荐（WOM）	WOM2	0.729	0.539	0.778	
	WOM3	0.737			
	WOM4	0.737			
竞争品牌抵制（OBR）	OBR1	0.820	0.596	0.855	
	OBR2	0.751			
	OBR3	0.785			
	OBR5	0.730			

　　表 5-40 是行为性绿色建材品牌推崇的判别效度检验的结果。其中，品牌购买意向、口碑推荐和竞争品牌抵制三个变量的 AVE 值的平方根都超过变量之间的相关系数，由此可见行为性绿色建材品牌推崇的量表的判别效度良好。

表 5-40　行为性绿色建材品牌推崇的判别效度检验结果 (*N*=641)

项目	PI	WOM	OBR
PI	(0.767)	—	—
WOM	0.634	(0.734)	—
OBR	0.227	0.331	(0.772)

注：对角线数值为各维度 AVE 值的平方根。

5．其他单维变量效度检验

　　在品牌真实性对绿色建材品牌推崇的影响研究中还涉及绿色透明化、绿色怀疑、自我—品牌联结和认知需要四个单维变量。这些变量不能检验判别效度，故只检验其收敛效度。本研究将绿色透明化、绿色怀疑、自我—品牌联结和认知需要纳入同一个模型检验其收敛效度。表 5-41 是这四个单维变量收敛效度检验的结果。由该表可知，绿色透明化的 AVE=0.566 ＞ 0.5、C.R.=0.839 ＞ 0.7，绿色怀疑的 AVE=0.615 ＞ 0.5、C.R.=0.827 ＞ 0.7，自我—品牌联结的 AVE=0.536 ＞ 0.5、C.R.=0.776 ＞ 0.70，认知需要的 AVE=0.638

> 0.5、C.R.=0.841 > 0.7，四个维度的语义项因子载荷的取值范围依次为 0.701～0.796、0.735～0.814、0.704～0.777、0.767～0.815，全部超过0.6，单维度模型的各项拟合指标均满足要求。由此可见，绿色透明化、绿色怀疑、自我—品牌联结和认知需要四个单维变量量表的收敛效度良好。

表 5-41　单维变量的收敛效度检验结果（N=641）

维度	语义项	因子载荷	AVE 值	C.R. 值	拟合指标
绿色透明化（GP）	GP1	0.759	0.566	0.839	
	GP2	0.749			
	GP3	0.701			
	GP4	0.796			
绿色怀疑（GS）	GS2	0.735	0.615	0.827	CMIN/DF=2.335 GFI=0.968 AGFI=0.950 RMSEA=0.042 CFI=0.977 NFI=0.961 PNFI=0.715 RFI=0.948 IFI=0.991
	GS3	0.814			
	GS4	0.802			
自我—品牌联结（SBC）	SBC 1	0.704	0.536	0.776	
	SBC 2	0.777			
	SBC 3	0.714			
认知需要（NFC）	NFC1	0.815	0.638	0.841	
	NFC2	0.767			
	NFC3	0.813			

四、本章小结

本章根据第三章所提出的品牌真实性对绿色建材品牌推崇影响研究的整合概念模型及相关假设，参考国内外成熟量表设计了品牌真实性、绿色透明化、绿色怀疑、自我—品牌联结与认知需要等相关变量的初始量表。基于预调研收集到的有效数据，将影响绿色建材品牌推崇相关变量量表（品牌真实性、绿色透明化、绿色怀疑、自我—品牌联结和认知需要）进行净化，共得到了 33 个测量题项。其中，品牌真实性 20 个测量题项，绿色透明化 4 个测量题项，绿色怀疑 3 个测量题项，自我—品牌联结 3 个测量题项，认知需要 3 个测量题项。结合第四章基于扎根理论所获得的绿色建材品牌推崇的 20 个测量题项，合计得到 53 个测量题项。

结合品牌真实性对绿色建材品牌推崇影响研究所涉及的相关变量的正式量表，生成正式问卷。通过正式调研收集到的 641 份有效样本检验品牌真实性对绿色建材品牌推崇作用路径中相关量表的信度和效度，结果表明正式调研获得的数据满足信度和效度的要求。由此可见，该份数据及相关变量的语义项全部适合于第六章研究假设的检验和分析。

第六章　研究假设的检验与分析

本章基于正式调研获得的有效样本数据检验与分析研究模型中的相关假设。首先，依据品牌真实性和绿色建材品牌推崇的各维度扩展相关假设；其次，利用结构方程检验品牌真实性对绿色建材品牌推崇作用模型的主效应；再次，采用 PROCESS 宏程序检验模型的中介效应和调节中介效应；最后，使用单因素方差法分析人口统计变量对绿色建材品牌推崇的影响。

一、研究假设的扩展

依据前文可知，绿色建材的品牌真实性具有客观真实性、建构真实性和存在真实性三个核心维度，具体可分为绿色属性、一般属性、品牌真诚、品牌传承和品牌象征五个子维度。绿色建材品牌推崇具有信念性绿色建材品牌推崇和行为性绿色建材品牌推崇两个核心维度，具体可分为绿色建材属性、品牌建材属性、购买意向、口碑宣传和竞争品牌抵制五个子维度。为了更深入地研究品牌真实性各子维度和绿色建材品牌推崇与相关变量的关系，应基于绿色建材的品牌真实性的各维度和绿色建材品牌推崇的各维度扩展相关假设，具体如下。

H1：绿色透明化对品牌真实性有正向影响。

H1a：绿色透明化正向影响绿色属性。

H1b：绿色透明化正向影响一般属性。

H1c：绿色透明化正向影响品牌传承。

H1d：绿色透明化正向影响品牌真诚。

H1e：绿色透明化正向影响品牌象征。

H2：绿色怀疑对品牌真实性有负向影响。

H2a：绿色怀疑负向影响绿色属性。

H2b：绿色怀疑负向影响一般属性。

H2c：绿色怀疑负向影响品牌传承。

H2d：绿色怀疑负向影响品牌真诚。

H2e：绿色怀疑负向影响品牌象征。

H3：品牌真实性对自我—品牌联结具有积极的作用。

H3a：绿色属性正向影响自我—品牌联结。

H3b：一般属性正向影响自我—品牌联结。

H3c：品牌传承正向影响自我—品牌联结。

H3d：品牌真诚正向影响自我—品牌联结。

H3e：品牌象征正向影响自我—品牌联结。

H4：绿色建材品牌真实性正向影响绿色建材品牌推崇。

H4a：绿色属性正向影响绿色建材品牌推崇。

H4b：一般属性正向影响绿色建材品牌推崇。

H4c：品牌传承正向影响绿色建材品牌推崇。

H4d：品牌真诚正向影响绿色建材品牌推崇。

H4e：品牌象征正向影响绿色建材品牌推崇。

H5：自我—品牌联结对绿色建材品牌推崇具有积极的作用。

H5a：自我—品牌联结对绿色建材属性具有积极的作用。

H5b：自我—品牌联结对品牌建材属性具有积极的作用。

H5c：自我—品牌联结正向影响购买意向。

H5d：自我—品牌联结正向影响口碑宣传。

H5e：自我—品牌联结正向影响竞争品牌抵制。

H6：自我—品牌联结在品牌真实性与绿色建材品牌推崇间存在中介作用。

H6a：客观品牌真实性能够通过自我—品牌联结对绿色建材品牌推崇产生间接影响。

H6b：建构品牌真实性能够通过自我—品牌联结对绿色建材品牌推崇产生间接影响。

H6c：存在品牌真实性能够通过自我—品牌联结对绿色建材品牌推崇产生间接影响。

H6d：品牌真实性能够通过自我—品牌联结对行为性绿色建材品牌推崇产生间接影响。

H6e：品牌真实性能够通过自我—品牌联结对信念性绿色建材品牌推崇产生间接影响。

H7：认知需要在品牌真实性通过自我—品牌联结对绿色建材品牌推崇的影响过程中具有正向调节作用。

H7a：认知需要在客观品牌真实性通过自我—品牌联结对绿色建材品牌推崇的影响过程中起着正向调节作用。

H7b：认知需要在建构品牌真实性通过自我—品牌联结对绿色建材品牌推崇的影响过程中起着正向调节作用。

H7c：认知需要在存在品牌真实性通过自我—品牌联结对绿色建材品牌推崇的影响过程中起着正向调节作用。

H8：人口统计变量影响绿色建材品牌推崇。

H8a：婚姻状况影响绿色建材品牌推崇。

H8b：家庭小孩年龄影响绿色建材品牌推崇。

H8c：地区影响绿色建材品牌推崇。

H8d：年收入水平影响绿色建材品牌推崇。

二、品牌真实性对绿色建材品牌推崇作用模型的主效应分析

（一）绿色透明化与品牌真实性

结构方程模型擅长处理多维度变量之间的关系，因此本研究采用结构方

程模型分析绿色透明化与品牌真实性的关系，其假设检验结果如表 6-1 所示。其中，绿色透明化对品牌真实性作用模型的各项拟合指标均符合相应判断要求，绿色透明化对品牌真实性（BA ← GP）作用的路径系数为 0.275，临界比例 |C.R.| > 1.96，$P < 0.001$，说明绿色透明化显著正向影响品牌真实性，假设 H1 成立。

表 6-1　绿色透明化与品牌真实性的假设检验结果（N=641）

路径	路径系数	S.E. 值	C.R. 值	P	显著性	拟合指标
BA ← GP	0.275	0.032	5.213	***	显著	CMIN/DF=1.860 GFI=0.943 AGFI=0.931 RMSEA=0.044 CFI=0.967 NFI=0.931 PNFI=0.830 RFI=0.923 IFI=0.967

注：$^{***}P < 0.001$，$^{**}P < 0.01$，$^{*}P < 0.05$。

绿色透明化与品牌真实性各维度间的假设检验结果如表 6-2 所示。其中，绿色透明化对品牌真实性各维度作用模型的各项拟合指标均符合相应的判断标准。绿色透明化对绿色属性（GA ← GP）作用的路径系数为 0.171，对一般属性（CA ← GP）作用的路径系数为 0.261，对品牌传承（BC ← GP）作用的路径系数为 0.173，对品牌真诚（BH ← GP）作用的路径系数为 0.219，对品牌象征（BS ← GP）作用的路径系数为 0.169。相应的临界比例 |C.R.| > 1.96，$P < 0.001$，说明绿色透明化正向影响绿色属性、一般属性、品牌传承、品牌真诚和品牌象征。H1a、H1b、H1c、H1d 和 H1e 子假设均得到支持。

表 6-2　绿色透明化与品牌真实性各维度的假设检验结果（N=641）

路径	路径系数	S.E. 值	C.R. 值	P	显著性	拟合指标
GA ← GP	0.171	0.036	3.484	***	显著	CMIN/DF=2.055 GFI=0.939 AGFI=0.924 RMSEA=0.075 CFI=0.961 NFI=0.926 PNFI=0.799 RFI=0.915 IFI=0.961
CA ← GP	0.261	0.043	5.332	***	显著	
BC ← GP	0.173	0.046	3.626	***	显著	
BH ← GP	0.219	0.043	4.583	***	显著	
BS ← GP	0.169	0.054	3.534	***	显著	

注：$^{***}P < 0.001$，$^{**}P < 0.01$，$^{*}P < 0.05$。

（二）绿色怀疑与品牌真实性

采用结构方程模型研究绿色怀疑与品牌真实性的关系，其假设检验结果如表 6-3 所示。其中，绿色怀疑对品牌真实性作用模型的各项拟合指标均符合相应判断标准，绿色怀疑对品牌真实性（BA ← GS）作用的路径系数为 − 0.167，临界比例 |C.R.| ＞ 1.96，$P ＜ 0.001$，说明绿色怀疑对品牌真实性有显著的负向影响，假设 H2 成立。

表 6-3　绿色怀疑与品牌真实性的假设检验结果（N=641）

路径	路径系数	S.E. 值	C.R. 值	P	显著性	拟合指标
BA ← GP	− 0.167	0.020	− 3.393	***	显著	CMIN/DF=1.854 GFI=0.947 AGFI=0.935 RMSEA=0.045 CFI=0.970 NFI=0.938 PNFI=0.831 RFI=0.930 IFI=0.970

注：***$P ＜ 0.001$，**$P ＜ 0.01$，*$P ＜ 0.05$。

绿色怀疑与品牌真实性各维度间的假设检验结果如表 6-4 所示。其中，绿色怀疑对品牌真实性各维度作用模型的各项拟合指标都符合相应的判断标准。绿色怀疑对绿色属性（GA ← GS）作用的路径系数为 − 0.137，临界比例 |C.R.| ＞ 1.96，$P ＜ 0.001$；绿色怀疑对品牌真诚（BH ← GS）作用的路径系数为 − 0.177，临界比例 |C.R.| ＞ 1.96，$P ＜ 0.01$。由此可见，绿色怀疑对绿色属性和品牌真诚有显著的负向影响。绿色怀疑对一般属性（CA ← GS）作用的路径系数为 − 0.082，临界比例 |C.R.| ＜ 1.96，$P ＞ 0.05$；绿色怀疑对品牌传承（BC ← GS）作用的路径系数为 − 0.055，临界比例 |C.R.| ＜ 1.96，$P ＞ 0.05$；绿色怀疑对品牌象征（BS ← GS）作用的路径系数为 − 0.075，临界比例 |C.R.| ＜ 1.96，$P ＞ 0.05$。由此可见，绿色怀疑对一般属性、品牌传承和品牌象征有负向影响不成立。因此，H2a 和 H2d 子假设得到支持，H2b、H2c 和 H2e 等子假设不成立。

表6-4 绿色怀疑与品牌真实性各维度的假设检验结果 （N=641）

路径	路径系数	S.E. 值	C.R. 值	P	显著性	拟合指标
GA ← GS	− 0.137	0.028	− 2.909	0.004	显著	CMIN/DF=1.849
CA ← GS	− 0.082	0.033	− 1.767	0.077	不显著	GFI=0.949 AGFI=0.934
BC ← GS	− 0.055	0.037	− 1.191	0.234	不显著	RMSEA=0.039 CFI=0.972
BH ← GS	− 0.177	0.035	− 3.876	***	显著	NFI=0.941 PNFI=0.739
BS ← GS	− 0.075	0.042	− 1.629	0.103	不显著	RFI=0.930 IFI=0.972

注：$^{***}P < 0.001$，$^{**}P < 0.01$，$^{*}P < 0.05$。

（三）品牌真实性与自我—品牌联结

品牌真实性与自我—品牌联结的假设检验结果如表6-5所示。由表6-5可知，所有拟合指标都满足相应要求，品牌真实性与自我—品牌联结作用模型的整体拟合情况良好。品牌真实性对自我—品牌联结（SBC ← BA）作用的路径系数等于0.225，|C.R.| > 1.96，P < 0.05，说明品牌真实性对自我—品牌联结有显著的正向影响，假设H3得到支持。

表6-5 品牌真实性与自我—品牌联结的假设检验结果 （N=641）

路径	路径系数	S.E. 值	C.R. 值	P	显著性	拟合指标
SBC ← BA	0.225	0.085	2.655	0.008	显著	CMIN/DF=1.654 GFI=0.953 AGFI=0.941 RMSEA=0.045 CFI=0.975 NFI=0.940 PNFI=0.763 RFI=0.931 IFI=0.975

品牌真实性各子维度与自我—品牌联结的假设检验结果如表6-6所示。由表6-6可知，所有拟合指标都满足要求，品牌真实性各子维度与自我—品牌联结作用模型的整体拟合情况良好。其中：绿色属性对自我—品牌联结（SBC ← GA）作用的路径系数等于0.234，临界比例 |C.R.| > 1.96，P < 0.05，说明绿色属性对自我—品牌联结有显著的正向影响，假设H3a得到支持；一般属性与自我—品牌联结（SBC ← CA）作用的路径系数为0.061，临界比例 |C.R.| < 1.96，P > 0.05，说明一般属性对自我—品牌联结没有显著的正向影响，假设H3b不成立；品牌传承与自我—品牌联结（SBC ← BC）作用的

路径系数为－0.017，临界比例 |C.R.| ＜1.96，P＞0.05，说明品牌传承对自我—品牌联结没有显著的正向影响，假设 H3c 不成立；品牌真诚与自我—品牌联结（SBC ← BH）作用的路径系数为－0.082，临界比例 |C.R.| ＜1.96，P＞0.05，说明品牌真诚对自我—品牌联结没有显著的正向影响，假设 H3d 不成立；品牌象征与自我—品牌联结（SBC ← BS）作用的路径系数为 0.021，临界比例 |C.R.| ＜1.96，P＞0.05，说明品牌象征对自我—品牌联结的影响不显著，假设 H3e 不成立。由此可见，假设 H3a 成立，但是 H3b、H3c、H3d 和 H3e 不成立。

表 6-6　品牌真实性子维度与自我—品牌联结的假设检验结果（N=641）

路径	路径系数	S.E. 值	C.R. 值	P	显著性	拟合指标
SBC ← GA	0.234	0.080	2.938	0.030	显著	CMIN/DF=1.635
SBC ← CA	0.061	0.065	0.936	0.349	不显著	GFI=0.955 AGFI=0.942
SBC ← BC	－ 0.017	0.053	－ 0.323	0.746	不显著	RMSEA=0.039 CFI=0.977
SBC ← BH	－ 0.082	0.064	－ 1.276	0.202	不显著	NFI=0.943 PNFI=0.734
SBC ← BS	0.021	0.046	0.450	0.653	不显著	RFI=0.932 IFI=0.977

（四）品牌真实性与绿色建材品牌推崇

品牌真实性对绿色建材品牌推崇影响模型的假设检验结果如表 6-7 所示。根据表 6-7，所有拟合指标都满足相应要求，可见品牌真实性与绿色建材品牌推崇作用模型的整体拟合情况良好。品牌真实性与绿色建材品牌推崇（GBE ← BA）作用的路径系数为 0.642，临界比例 |C.R.| ＞1.96，P＜0.001，表明品牌真实性正向影响绿色建材品牌推崇，假设 H4 得到支持。

表 6-7　品牌真实性与绿色建材品牌推崇的假设检验结果（N=641）

路径	路径系数	S.E. 值	C.R. 值	P	显著性	拟合指标
GBE ← BA	0.642	0.086	7.434	***	显著	CMIN/DF=1.732 GFI=0.914 AGFI=0.901 RMSEA=0.065 CFI=0.951 NFI=0.892 PNFI=0.822 RFI=0.882 IFI=0.951

注：$^{***}P$＜0.001，$^{**}P$＜0.01，$^{*}P$＜0.05。

品牌真实性各子维度与绿色建材品牌推崇的假设检验结果如表 6-8 所示。根据表 6-8，各项拟合指标都满足相应判断要求，表明品牌真实性各子维度与绿色建材品牌推崇整体拟合情况良好。其中：绿色属性对绿色建材品牌推崇（GBE ← GA）作用的路径系数为 0.104，临界比例 |C.R.| > 1.96，$P < 0.05$，说明绿色属性对绿色建材品牌推崇有显著的正向影响，假设 H4a 得到支持；一般属性与绿色建材品牌推崇（GBE ← CA）作用的路径系数为 0.082，临界比例 |C.R.| > 1.96，$P < 0.05$，说明一般属性对绿色建材品牌推崇有显著的正向影响，假设 H4b 得到支持；品牌传承与绿色建材品牌推崇（GBE ← BC）作用的路径系数为 0.103，临界比例 |C.R.| > 1.96，$P < 0.01$，说明品牌传承对绿色建材品牌推崇有显著的正向影响，假设 H4c 得到支持；品牌真诚与绿色建材品牌推崇（GBE ← BH）作用的路径系数为 0.089，临界比例 |C.R.| > 1.96，$P < 0.05$，说明品牌真诚对绿色建材品牌推崇有显著的正向影响，假设 H4d 得到支持；品牌象征与绿色建材品牌推崇（GBE ← BS）作用的路径系数为 0.007，临界比例 |C.R.| < 1.96，$P > 0.05$，说明品牌象征对绿色建材品牌推崇的影响不显著，假设 H4e 不成立。由此可见，假设 H4a、H4b、H4c 和 H4d 得到支持，但 H4e 不成立。

表 6-8 品牌真实性子维度与绿色建材品牌推崇的假设检验结果（N=641）

路径	路径系数	S.E. 值	C.R. 值	P	显著性	拟合指标
GBE ← GA	0.104	0.050	2.086	0.037	显著	CMIN/DF=1.714 GFI=0.915 AGFI=0.903 RMSEA=0.066 CFI=0.952 NFI=0.893 PNFI=0.823 RFI=0.883 IFI=0.952
GBE ← CA	0.082	0.041	1.975	0.048	显著	
GBE ← BC	0.103	0.034	3.008	0.003	显著	
GBE ← BH	0.089	0.042	2.143	0.032	显著	
GBE ← BS	0.007	0.029	0.244	0.807	不显著	

（五）自我—品牌联结与绿色建材品牌推崇

自我—品牌联结与绿色建材品牌推崇假设检验结果如表 6-9 所示。根据表 6-9，各项拟合指标都满足相应要求，表明自我—品牌联结与绿色建材品牌推崇的整体拟合情况较好。然后分析自我—品牌联结与绿色建材品牌推崇间的假设路径。自我—品牌联结与绿色建材品牌推崇（GBE ← SBC）作用的

路径系数为 0.181，临界比例 |C.R.| ＞ 1.96，P ＜ 0.001，说明自我—品牌联结正向影响绿色建材品牌推崇，假设 H5 得到支持。

表6-9　自我—品牌联结与绿色建材品牌推崇的假设检验结果（N=641）

路径	路径系数	S.E. 值	C.R. 值	P	显著性	拟合指标
GBE←SBC	0.181	0.039	4.632	***	显著	CMIN/DF=1.1720 GFI=0.965 AGFI=0.957 RMSEA=0.045 CFI=0.993 NFI=0.953 PNFI=0.783 RFI=0.947 IFI=0.993

注：*** P ＜ 0.001，** P ＜ 0.01，* P ＜ 0.05。

自我—品牌联结与绿色建材品牌推崇各子维度的假设检验如表6-10所示。由表6-10可知，各项拟合指标满足要求，表明自我—品牌联结与绿色建材品牌推崇各子维度整体拟合情况良好。其中：自我—品牌联结对绿色建材属性（GBBA←SBC）作用的路径系数为2.062，|C.R.| ＞ 1.96，P ＜ 0.001，说明自我—品牌联结对绿色建材属性有积极影响，假设 H5a 得到支持；自我—品牌联结与品牌建材属性（BBA←SBC）作用的路径系数为2.445，临界比例|C.R.| ＞ 1.96，P ＜ 0.001，说明自我—品牌联结正向影响品牌建材属性，假设 H5b 得到支持；自我—品牌联结与购买意向（PI←SBC）作用的路径系数为3.085，临界比例 |C.R.| ＞ 1.96，P ＜ 0.001，说明自我—品牌联结正向影响购买意向，假设 H5c 得到支持；自我—品牌联结与口碑推荐（WOM←SBC）作用的路径系数为2.391，临界比例 |C.R.| ＞ 1.96，P ＜ 0.001，说明自我—品牌联结正向影响口碑推荐，假设 H5d 得到支持；自我—品牌联结与竞争品牌抵制（OBR←SBC）作用的路径系数为1.403，临界比例 |C.R.| ＞ 1.96，P ＜ 0.001，说明自我—品牌联结对竞争品牌抵制的影响显著，假设 H5e 得到支持。由此可见，假设 H5a、H5b、H5c、H5d 和 H5e 都得到支持。

表 6-10 自我—品牌联结与绿色建材品牌推崇子维度的假设检验结果 （N=641）

路径	路径系数	S.E. 值	C.R. 值	P	显著性	拟合指标
GBBA ← SBC	2.062	0.416	4.959	***	显著	CMIN/DF=1.166
BBA ← SBC	2.445	0.491	4.976	***	显著	GFI=0.966 AGFI=0.957
PI ← SBC	3.085	0.603	5.113	***	显著	RMSEA=0.044 CFI=0.993
WOM ← SBC	2.391	0.479	4.993	***	显著	NFI=0.954 PNFI=0.833 RFI=0.947
OBR ← SBC	1.403	0.326	4.303	***	显著	IFI=0.993

注：$^{***}P < 0.001$，$^{**}P < 0.01$，$^{*}P < 0.05$。

三、中介效应与调节中介效应分析

（一）自我—品牌联结的中介作用

本研究将品牌真实性设定为自变量，将自我—品牌联结设定为中介变量，将绿色建材品牌推崇设定为因变量，借助 PROCESS 宏程序对自我—品牌联结的中介作用进行检验。根据鲁本·M. 巴伦（Reuben M. Baron）和大卫·A. 肯尼（David A. Kenny）[241] 及安德鲁·F. 海耶斯（Andrew F. Hayes）[242] 的相关研究确定中介效应的检验步骤（表 6-11）：首先，以品牌真实性及其子维度分别为自变量，以自我—品牌联结为因变量建立模型 1 ～ 4，结果显示品牌真实性和其子维度客观品牌真实性都能正向影响自我—品牌联结（β=0.209 0，P < 0.01；β=0.156 0，P < 0.001），建构品牌真实性和存在品牌真实性对自我—品牌联结的影响不显著；其次，以绿色建材品牌推崇为因变量，以品牌真实性及其子维度和自我—品牌联结为自变量分别建立模型 5 ～ 8，结果显示品牌真实性和自我—品牌联结（β=0.377 6，P < 0.001；β=0.150 8，P < 0.001）、客观品牌真实性和自我—品牌联结（β=0.248 8，P < 0.001；β=0.179 5，P < 0.001）、建构品牌真实性和自我—品牌联结（β=0.347 6，P < 0.001；β=0.157 9，P < 0.001）、存在真实性和自我—品牌联结（β=0.170 7，P < 0.001；β=0.184 7，P < 0.001）都能正向影响绿色建材品牌推崇；最后，检验自我—品牌联结在品牌真实性及其子维度与绿色建材品牌推崇间的中介效应，由于建构品牌真实性和存在品牌真实性对自我—品牌联结的影响均不显著，故只

需分析自我—品牌联结在品牌真实性、客观品牌真实性与绿色建材品牌推崇间的中介效应。

表 6-11　以绿色建材品牌推崇为因变量的中介作用检验（N=641）

因变量		自我—品牌联结				绿色建材品牌推崇			
模型		模型 1	模型 2	模型 3	模型 4	模型 5	模型 6	模型 7	模型 8
自变量	品牌真实性	0.209 0**	—	—	—	0.377 6***	—	—	—
	客观品牌真实性	—	0.156 0***	—	—	—	0.248 8***	—	—
	建构品牌真实性	—	—	0.049 6	—	—	—	0.347 6***	—
	存在品牌真实性	—	—	—	0.070 6	—	—	—	0.170 7***
	自我—品牌联结	—	—	—	—	0.150 8***	0.179 5***	0.157 9***	0.184 7***

注：$^{***}P < 0.001$，$^{**}P < 0.01$，$^{*}P < 0.05$。

绿色建材品牌推崇具有信念性和行为性绿色建材品牌推崇两个主维度，因此接下来分析以品牌真实性及其子维度为自变量，以绿色建材品牌推崇子维度为因变量，自我—品牌联结在二者之间的中介作用（表 6-12）。由模型1和2可知，品牌真实性和客观品牌真实性正向影响自我—品牌联结。因此，以信念性绿色建材品牌推崇和行为性绿色建材品牌推崇为因变量，以品牌真实性、客观品牌真实性和自我—品牌联结为自变量分别建立模型 9～10 和 11～12,结果显示：品牌真实性和自我—品牌联结（β=0.370 1,$P < 0.001$；β=0.120 3, $P < 0.001$）、客观品牌真实性和自我—品牌联结（β=0.317 2,$P < 0.001$；β=0.114 0, $P < 0.01$）都能正向影响信念性绿色建材品牌推崇；品牌真实性和自我—品牌联结（β=0.291 1, $P < 0.001$；β=0.154 9,$P < 0.001$）、客观品牌真实性和自我—品牌联结（β=0.114 6, $P < 0.001$；β=0.169 4, $P < 0.001$）都能正向影响行为性绿色建材品牌推崇。

表 6-12　以绿色建材品牌推崇子维度为因变量的中介效应检验（*N*=641）

因变量	自我—品牌联结		信念性绿色建材品牌推崇		行为性绿色建材品牌推崇	
模型	模型 1	模型 2	模型 9	模型 10	模型 11	模型 12
自变量 品牌真实性	0.209 0**	—	0.370 1***	—	0.291 1***	—
自变量 客观品牌真实性	—	0.156 0***	—	0.317 2***	—	0.114 6***
自变量 自我—品牌联结	—	—	0.120 3***	0.114 0**	0.154 9***	0.169 4***

注：***$P < 0.001$，**$P < 0.01$，*$P < 0.05$。

根据表 6-11 和表 6-12 的结果，最后只需检验绿色建材品牌推崇←自我—品牌联结←品牌真实性、信念性绿色建材品牌推崇←自我—品牌联结←品牌真实性、行为性绿色建材品牌推崇←自我—品牌联结←品牌真实性、绿色建材品牌推崇←自我—品牌联结←客观品牌真实性、信念性绿色建材品牌推崇←自我—品牌联结←客观品牌真实性、行为性绿色建材品牌推崇←自我—品牌联结←客观品牌真实性等 6 条路径的中介效应（表 6-13）。

表 6-13　自我—品牌联结的中介效应检验结果（*N*=641）

中介路径	效应值	Boot 标准误	Boot CI 上限	Boot CI 下限	结果
绿色建材品牌推崇←自我—品牌联结←品牌真实性	0.016 4	0.008 9	0.000 2	0.023 2	显著
信念性绿色建材品牌推崇←自我—品牌联结←品牌真实性	0.007 7	0.004 4	0.000 9	0.018 1	显著
行为性绿色建材品牌推崇←自我—品牌联结←品牌真实性	0.008 8	0.004 7	0.000 8	0.019 3	显著
绿色建材品牌推崇←自我—品牌联结←客观品牌真实性	0.031 3	0.013 1	0.009 2	0.059 8	显著
信念性绿色建材品牌推崇←自我—品牌联结←客观品牌真实性	0.013 4	0.006 7	0.002 7	0.028 9	显著
行为性绿色建材品牌推崇←自我—品牌联结←客观品牌真实性	0.017 9	0.007 3	0.005 4	0.033 6	显著

注：Boot 标准误、Boot CI 上限、Boot CI 下限分别指通过偏差矫正的百分位 Bootstrap 法估计的间接效应的标准误差、95%置信区间的下限和上限。

由表 6-13 可知，中介路径绿色建材品牌推崇←自我—品牌联结←品牌真实性、信念性绿色建材品牌推崇←自我—品牌联结←品牌真实性、行为性绿色建材品牌推崇←自我—品牌联结←品牌真实性、绿色建材品牌推崇←自我—品牌联结←客观品牌真实性、信念性绿色建材品牌推崇←自我—品牌联结←客观品牌真实性和行为性绿色建材品牌推崇←自我—品牌联结←客观品牌真实性的 Boot CI 上限和 Boot CI 下限依次为（0.000 2, 0.023 2）、（0.000 9, 0.018 1）、（0.000 8, 0.019 3）、（0.009 2, 0.059 8）、（0.002 7, 0.028 9）和（0.005 4, 0.033 6）。由以上分析可知：自我—品牌联结在品牌真实性对绿色建材品牌推崇的作用过程中有显著的中介作用，自我—品牌联结在品牌真实性对绿色建材品牌推崇子维度的作用过程中也有显著的中介作用；自我—品牌联结在客观品牌真实性对绿色建材品牌推崇的作用过程中有显著的中介作用，自我—品牌联结在客观品牌真实性对绿色建材品牌推崇子维度的作用过程中也有显著的中介作用。假设 H6 和假设 H6a、H6d、H6e 得到支持，假设 H6b、H6c 不成立。

（二）认知需要的调节中介作用

由于前文已证实，只有品牌真实性和客观品牌真实性能通过自我—品牌联结间接影响绿色建材品牌推崇，故后续只需考察认知需要在品牌真实性和客观品牌真实性通过自我—品牌联结间接影响绿色建材品牌推崇过程中的调节中介作用。依据 PROCESS 宏程序检验认知需要的调节中介作用，以自我—品牌联结为因变量，以品牌真实性、客观品真实性、认知需要及它们的交互项为自变量，分别建立模型 1 和模型 2 判断调节效应是否显著（表 6-14）。结果表明：将认知需要放入模型后，认知需要与品牌真实性的乘积项对自我—品牌联结的影响显著（β=0.006 3，$P < 0.05$），认知需要与客观品牌真实性的乘积项对自我—品牌联结的影响不显著（β=0.003 7，$P > 0.05$），说明认知需要能够在品牌真实性通过自我—品牌联结间接影响绿色建材品牌推崇的过程中起正向调节作用；认知需要在客观品牌真实性通过自我—品牌联结间接影响绿色建材品牌推崇中的调节作用不显著。可见假设 H7 得到支持，其余子假设均不支持。

表 6-14　以绿色建材品牌推崇为因变量的调节中介作用检验（N=641）

因变量		自我—品牌联结	
模型		模型 1	模型 2
自变量	品牌真实性	0.209 0**	—
	认知需要	0.223 5***	—
	品牌真实性 × 认知需要	0.006 3*	—
	客观品牌真实性	—	0.041 1***
	认知需要	—	0.215 2***
	客观品牌真实性 × 认知需要	—	0.003 7

注：***P < 0.001，**P < 0.01，*P < 0.05。

四、人口统计变量与绿色建材品牌推崇

本部分通过单因素方差分析法探讨具有不同婚姻状态、家庭小孩年龄、地区和年收入水平等特征的消费者与绿色建材品牌推崇的关联。

（一）婚姻状态与绿色建材品牌推崇

表 6-15 是婚姻状态依次在绿色建材品牌推崇两个核心维度上的单因素方差检验结果。婚姻状态在信念性绿色建材品牌推崇上的单因素方差检验的 F=0.214，P=0.887 > 0.05，说明婚姻状态在信念性绿色建材品牌推崇上没有显著差异；婚姻状态在行为性绿色建材品牌推崇上的检验结果为 F=0.833，P=0.476 > 0.05，可见婚姻状态在行为性绿色建材品牌推崇上也没有显著差异。因此，婚姻状态对绿色建材品牌推崇的影响不显著。

表 6-15　婚姻状态在绿色建材品牌推崇上的 ANOVA 检验（N=641）

类型	项目	平方和	df	均方	F	显著性
信念性绿色建材品牌推崇	组间	27.737	3	9.246	0.214	0.887
	组内	27 524.079	637	43.209	—	—
	总数	27 551.816	640	—	—	—
行为性绿色建材品牌推崇	组间	87.745	3	29.248	0.833	0.476
	组内	22 358.434	637	35.100	—	—
	总数	22 446.179	640	—	—	—

（二）家庭小孩年龄与绿色建材品牌推崇

表 6-16 是家庭小孩年龄依次在绿色建材品牌推崇两个核心维度上的单因素方差检验结果。家庭小孩年龄在信念性绿色建材品牌推崇上的单因素方差检验的 $F=0.178$，$P=0.971 > 0.05$，说明家庭小孩年龄在信念性绿色建材品牌推崇上没有显著差异；家庭小孩年龄在行为性绿色建材品牌推崇上的检验结果为 $F=2.391$，$P=0.037 < 0.05$，说明家庭小孩年龄在行为性绿色建材品牌推崇上有显著差异。因此，家庭小孩年龄对行为性绿色建材品牌推崇的影响显著。

表 6-16　家庭小孩年龄在绿色建材品牌推崇上的 ANOVA 检验（N=641）

类型	项目	平方和	df	均方	F	显著性
信念性绿色建材品牌推崇	组间	38.557	5	7.711	0.178	0.971
	组内	27 513.260	635	43.328	—	—
	总数	27 551.816	640	—	—	—
行为性绿色建材品牌推崇	组间	414.776	5	82.955	2.391	0.037
	组内	22 031.403	635	34.695	—	—
	总数	22 446.179	640	—	—	—

（三）地区与绿色建材品牌推崇

表 6-17 是地区依次在绿色建材品牌推崇两个核心维度上的单因素方差检验结果。地区在信念性绿色建材品牌上的单因素方差检验的 $F=0.432$，$P=0.649 > 0.05$，说明地区在信念性绿色建材品牌上没有显著差异；地区在行为性绿色建材品牌推崇上的检验结果为 $F=3.219$，$P=0.041 < 0.05$，说明地区在行为性绿色建材品牌推崇上存在显著差异。因此，地区对行为性绿色建材品牌推崇的影响显著。

表 6-17　地区在绿色建材品牌推崇上的 ANOVA 检验（N=641）

类型	项目	平方和	df	均方	F	显著性
信念性绿色建材品牌推崇	组间	37.260	2	18.630	0.432	0.649
	组内	27 514.556	638	43.126	—	—
	总数	27 551.816	640	—	—	—
行为性绿色建材品牌推崇	组间	224.245	2	112.122	3.219	0.041
	组内	22 221.934	638	34.831	—	—
	总数	22 446.179	640	—	—	—

（四）年收入水平与绿色建材品牌推崇

表 6-18 是年收入水平依次在绿色建材品牌推崇两个核心维度上的单因素方差检验结果。年收入水平在信念性绿色建材品牌推崇上的单因素方差检验的 $F=2.605$，$P=0.035 < 0.05$，说明年收入水平在信念性绿色建材品牌推崇上存在显著差异；年收入水平在行为性绿色建材品牌推崇上的检验结果为 $F=0.229$，$P=0.922 > 0.05$，说明年收入水平在信念性绿色建材品牌推崇上没有显著差异。因此，年收入水平对信念性绿色建材品牌推崇的影响显著。

表 6-18　年收入水平在绿色建材品牌推崇上的 ANOVA 检验（$N=641$）

类型	项目	平方和	df	均方	F	显著性
信念性绿色建材品牌推崇	组间	444.051	4	111.013	2.605	0.035
	组内	27 107.765	636	42.622	—	—
	总数	27 551.816	640	—	—	—
行为性绿色建材品牌推崇	组间	32.348	4	8.087	0.229	0.922
	组内	22 413.831	636	35.242	—	—
	总数	22 446.179	640	—	—	—

由此可见：人口统计变量中婚姻状态对绿色建材品牌推崇的影响不显著；家庭小孩年龄和地区与信念性绿色建材品牌推崇没有显著的相关性，但与行为性绿色建材品牌推崇有显著相关性；年收入水平对行为性绿色建材品牌推崇的影响不显著，但对信念性绿色建材品牌推崇的影响显著。假设 H8a 不成立，H8b、H8c 和 H8d 部分成立。

五、研究假设检验结果汇总

品牌真实性对绿色建材品牌推崇影响研究的假设检验汇总如表 6-19 所示。

表 6-19　研究假设检验结果汇总

编号	假设内容	结论
H1	绿色透明化对品牌真实性有正向影响	支持
H1a	绿色透明化正向影响绿色属性	支持
H1b	绿色透明化正向影响一般属性	支持
H1c	绿色透明化正向影响品牌传承	支持
H1d	绿色透明化正向影响品牌真诚	支持

续表

编号	假设内容	结论
H1e	绿色透明化正向影响品牌象征	支持
H2	绿色怀疑对品牌真实性有负向影响	支持
H2a	绿色怀疑负向影响绿色属性	支持
H2b	绿色怀疑负向影响一般属性	不支持
H2c	绿色怀疑负向影响品牌传承	不支持
H2d	绿色怀疑负向影响品牌真诚	支持
H2e	绿色怀疑负向影响品牌象征	不支持
H3	品牌真实性对自我—品牌联结具有积极的作用	支持
H3a	绿色属性正向影响自我—品牌联结	支持
H3b	一般属性正向影响自我—品牌联结	不支持
H3c	品牌传承正向影响自我—品牌联结	不支持
H3d	品牌真诚正向影响自我—品牌联结	不支持
H3e	品牌象征正向影响自我—品牌联结	不支持
H4	绿色建材品牌真实性正向影响绿色建材品牌推崇	支持
H4a	绿色属性正向影响绿色建材品牌推崇	支持
H4b	一般属性正向影响绿色建材品牌推崇	支持
H4c	品牌传承正向影响绿色建材品牌推崇	支持
H4d	品牌真诚正向影响绿色建材品牌推崇	支持
H4e	品牌象征正向影响绿色建材品牌推崇	不支持
H5	自我—品牌联结对绿色建材品牌推崇具有积极的作用	支持
H5a	自我—品牌联结对绿色建材属性具有积极的作用	支持
H5b	自我—品牌联结对品牌建材属性具有积极的作用	支持
H5c	自我—品牌联结正向影响购买意向	支持
H5d	自我—品牌联结正向影响口碑宣传	支持
H5e	自我—品牌联结正向影响竞争品牌抵制	支持
H6	自我—品牌联结在品牌真实性与绿色建材品牌推崇间存在中介作用	支持
H6a	客观品牌真实性能够通过自我—品牌联结对绿色建材品牌推崇产生间接影响	支持
H6b	建构品牌真实性能够通过自我—品牌联结对绿色建材品牌推崇产生间接影响	不支持
H6c	存在品牌真实性能够通过自我—品牌联结对绿色建材品牌推崇产生间接影响	不支持

135

续表

编号	假设内容	结论
H6d	品牌真实性能够通过自我—品牌联结对行为性绿色建材品牌推崇产生间接影响	支持
H6e	品牌真实性能够通过自我—品牌联结对信念性绿色建材品牌推崇产生间接影响	支持
H7	认知需要在品牌真实性通过自我—品牌联结对绿色建材品牌推崇的影响过程中具有正向调节作用	支持
H7a	认知需要在客观品牌真实性通过自我—品牌联结对绿色建材品牌推崇的影响过程中起着正向调节作用	不支持
H7b	认知需要在建构品牌真实性通过自我—品牌联结对绿色建材品牌推崇的影响过程中起着正向调节作用	不支持
H7c	认知需要在存在品牌真实性通过自我—品牌联结对绿色建材品牌推崇的影响过程中起着正向调节作用	不支持
H8	人口统计变量影响绿色建材品牌推崇	部分支持
H8a	婚姻状态影响绿色建材品牌推崇	不支持
H8b	家庭小孩年龄影响绿色建材品牌推崇	部分支持
H8c	地区影响绿色建材品牌推崇	部分支持
H8d	年收入水平影响绿色建材品牌推崇	部分支持

假设 H1 及各子假设均得到支持。绿色透明化不仅能够提高绿色建材的品牌真实性，也能提高绿色建材的绿色属性、一般属性、品牌传承、品牌真诚和品牌象征。绿色建材企业的品牌沟通需提供清晰的、透明的、详细的品牌信息，如建材的环保标签、企业生产运营中的环保努力（原木的来源、加工工艺、产品成分、安装工艺等）和履行的社会责任（环境友好、资源节约、消费者友好等）。这些翔实的信息有助于深化绿色建材的品牌真实性。

假设 H2、H2a 和 H2d 得到支持，H2b、H2c 和 H2e 等子假设不成立。绿色怀疑对品牌真实性有负向影响。绿色怀疑负向影响绿色属性和品牌真诚，同时能够弱化消费者对绿色建材的品牌真实性感知，使其质疑绿色建材品牌的绿色属性和品牌真诚。绿色建材企业与消费者对话时，应尽量开诚布公、耐心互动，为消费者的产品选择提供实在的建议，赢得消费者对绿色建材品牌的信任和青睐，减少消费者的疑虑和困惑。

假设 H3 及 H3a 成立，H3b、H3c、H3d 和 H3e 不成立。绿色建材品牌真实性正向影响绿色建材品牌推崇。绿色属性能强化消费者与绿色建材品牌的自我—品牌联结，这表明只有当消费者认可和信任建材的绿色属性时才会与绿色建材品牌产生联结，绿色属性是提高消费者自我—品牌联结的关键因素。绿色建材企业的宣传应聚焦在建材的绿色主张上，只有赢得消费者关注和使消费者接受建材的绿色属性才会形成比较牢固的绿色建材品牌联结。

假设 H4、H4a、H4b、H4c 及 H4d 成立，H4e 不成立。品牌真实性能促进绿色建材品牌推崇。绿色属性、一般属性、品牌传承、品牌真诚均对绿色建材品牌推崇具有显著正向影响，这表明消费者对品牌真实性的评价越高，越可能成为绿色建材品牌的推崇者。具体而言：建材品牌的绿色属性（如甲醛释放量低、防水阻燃等）和一般属性（如性能稳定、耐用持久等）越真实可信，消费者越可能成为绿色建材品牌的推崇者；绿色建材的品牌传承和品牌真诚度越高，消费者成为其推崇者的意愿越强；绿色建材品牌向消费者传递的侧重点越是偏向于"品牌基因"（如品牌的悠久历史、工艺传承、品牌承诺等），消费者成为绿色建材品牌推崇者的概率就越大。

假设 H5 和其他子假设均成立。自我—品牌联结能促进绿色建材品牌推崇，并对绿色建材属性、品牌建材属性、购买意向、口碑宣传和竞争品牌抵制均具有显著正向影响。消费者与绿色建材品牌的联结程度越强，越会认可其绿色建材属性和品牌建材属性，越会形成推崇绿色建材品牌的坚定信念，其发生绿色建材品牌购买意向、口碑宣传行为的可能性也会越高。

假设 H6、H6a 与 H6d、H6e 成立，其他子假设均不成立。品牌真实性可通过自我—品牌联结间接影响绿色建材品牌推崇，客观品牌真实性也能通过自我—品牌联结间接影响绿色建材品牌推崇，这表明绿色建材品牌企业应向消费者传递以证据为基础的真实，侧重于能够客观判断真伪的线索，如使用绿色建材的标签起源、建材成分构成、建材化学释放物的含量等，这样对自我—品牌联结的助推作用更强，品牌真实性对绿色建材品牌推崇的影响强度更大。

假设 H7 成立，其余子假设 H7a、H7b 和 H7c 均不成立。认知需要水平越高的消费者，在品牌真实性对自我联结的影响过程中的调节作用越强，这表明绿色建材品牌在与消费者进行品牌沟通时应关注和契合其认知需要的差异性。针对认知需要水平高的消费者，可通过中央路径来传递绿色建材的品牌真实性，如提供绿色建材品牌的绿色标签、环保专利、节能努力等方面的表现来呈现"绿色主张"，提高消费者与绿色建材品牌的联结程度。针对认知需要水平低的消费者，可通过边缘路径来传递绿色建材的品牌真实性，如通过绿色建材品牌的绿色广告、消费场景和口碑宣传等方式来展示其品牌真实性，提高消费者与绿色建材品牌的联结程度。

假设 H8 部分支持，H8a 不支持，H8b、H8c、H8d 部分支持。在人口统计变量中：婚姻状态对绿色建材品牌推崇的影响不显著；家庭小孩年龄和地区与信念性绿色建材品牌推崇没有显著关联，但能影响行为性绿色建材品牌推崇；年收入水平对行为性绿色建材品牌推崇的影响不显著，但对信念性绿色建材品牌推崇的影响显著。以上数据表明，小孩年龄越小和所在地区越发达的家庭，越会形成绿色建材品牌购买意向、口碑传播和竞争品牌抵制等行为性推崇；年收入水平越高的消费者，越会形成绿色建材品牌的绿色属性和品牌属性等信念性推崇。绿色建材企业在进行品牌沟通时，需考虑"消费群体画像"，即消费者的小孩、所在地区和年收入水平等情况，制定有针对性的绿色建材品牌沟通策略，培育绿色建材品牌推崇行为。

六、本章小结

本章采用结构方程模型和 PROCESS 宏程序及单因素方差法等方法验证品牌真实性对绿色建材品牌推崇影响研究的相关理论假设，得出以下结论。

（1）绿色透明化积极影响品牌真实性及其子维度。

（2）绿色怀疑对品牌真实性有负向影响。在品牌真实性的子维度中，绿色怀疑负向影响绿色属性和品牌真诚，对其他三个子维度的影响不显著。

（3）品牌真实性和其子维度绿色属性积极影响自我—品牌联结，品牌真实性的其他子维度对自我—品牌联结的影响不显著。

（4）品牌真实性积极影响绿色建材品牌推崇。绿色属性、一般属性、品牌真诚和品牌传承正向影响绿色建材品牌推崇，但品牌象征对绿色建材品牌推崇的影响不显著。

（5）自我—品牌联结正向影响绿色建材品牌推崇及其子维度。

（6）自我—品牌联结在品牌真实性对绿色建材品牌推崇的作用过程中起着中介作用；自我—品牌联结在品牌真实性对信念性绿色建材品牌推崇和行为性绿色建材品牌推崇的作用过程中起着中介作用；自我—品牌联结在客观品牌真实性对绿色建材品牌推崇的作用过程中起着中介作用；自我—品牌联结在客观品牌真实性对信念性绿色建材品牌推崇和行为性绿色建材品牌推崇的作用过程中起着中介作用。

（7）认知需要在品牌真实性通过自我—品牌联结间接影响绿色建材品牌推崇的过程中起着正向的调节作用。其余子假设的作用不成立。

（8）在人口统计变量中：婚姻状态对绿色建材品牌推崇的影响不显著；家庭小孩年龄和地区影响行为性绿色建材品牌推崇；年收入水平影响信念性绿色建材品牌推崇。

第七章　基于 BP 神经网络的
研究模型分析

通过前面几章对相关概念的界定，以及对相关量表的开发和研究假设验证，对于品牌真实性对绿色建材品牌推崇的影响路径有了一个较为全面的呈现。但品牌真实性对绿色建材品牌推崇的影响是一个较为复杂的过程，前文的相关因子分析和路径分析主要是基于回归分析和结构方程模型等数理方法进行的，这些方法只能从线性的角度分析品牌真实性各维度对绿色建材品牌推崇的关联，难以准确掌握品牌真实性各维度对绿色建材品牌推崇的具体影响。考虑到各变量的复杂性和可能存在的非线性关系，本章采取 BP 神经网络方法模拟绿色建材品牌真实性对绿色建材品牌推崇的影响过程，试图识别出品牌真实性各维度对绿色建材品牌推崇的影响强度，使绿色建材企业了解消费者更加重视绿色建材的哪些品牌真实性，以期为绿色建材品牌企业的营销沟通策略提供一些参考。

一、神经网络模型

（一）BP 神经网络构建绿色建材品牌推崇影响模型的可行性
分析

目前，神经网络方法已被应用于消费者行为的相关研究中。岑成德和权净[243]运用人工神经网络分析了服务属性的各维度对顾客满意感的影响度，并对顾客的再次购买和推荐行为进行了预测。张鹏和王兴元[244]以酒店为实证，设计了酒店类品牌延伸的评价指标体系，利用 BP 神经网络对以酒类为主营业务的 W 集团的品牌延伸决策进行了预测。赵丽娜和韩冬梅[245]依据亚马逊商城的在线评论数据，构建了在线评论有用性的评价模型，通过 BP 神经网络方法探讨了在线评论对消费者感知有用性的影响度分析，结果表明四类因子对消费者感知效用的影响较大，影响度大小依次为在线评论的内容深度、发布者的可信度、发布者的等级和在线评论情感倾向。邓青等[246]提炼出了相关冲突事件发生时微博转发行为的九大影响因素，并应用 BP 神经网络分析了与发帖者相关的变量对微博转发行为的影响权重分析，结果表明权重从大到小依次为活跃度、标签、可视化线索、谈到他人、时段、身份、社会影响力、发帖人态度和注册年限。李维胜和莫静玲[247]为了缓解房地产行业库存压力大和创新不足等困境，引入人工神经网络筛选出客户购买意向和客户需求等级，研究成果为提高客户购房成交量提供了有效参考。在绿色营销的学术研究方面，陶宇红等[248]通过人工神经网络方法提炼了影响绿色品牌偏好的核心因子，预测了消费者绿色品牌偏好变化的趋势。

将 BP 神经网络用于分析品牌真实性对绿色建材品牌推崇的影响度具有以下优势。首先，由于消费者产生绿色建材品牌推崇行为的条件复杂多变，将绿色建材品牌推崇表示成对品牌真实性的函数并建立相应的函数关系有助于更好地理解消费者的绿色建材品牌推崇行为。其次，品牌真实性各维度对绿色建材品牌推崇的影响程度通常是不明确的，BP 神经网络能随着不确定的权重进行自主学习与调整，可以充分反映品牌真实性与绿色建材品牌推崇之间的多重的非线性关系。最后，BP 神经网络能针对收集到的调研数据进行反复学习和训练，来挖掘品牌真实性与绿色建材品牌推崇间的关联，得到品牌真实性对绿色建材品牌推崇的影响度的结果。由此可见，采用 BP 神经网络模型挖掘品牌真实性对绿色建材品牌推崇的影响机理具有较强的可行性。

（二）BP 神经网络的算法原理与训练步骤

BP 神经网络的算法原理是采取梯度搜索技术多次调整权重，使实际输出和目标输出的均方误差最小化。BP 神经网络算法包括两大阶段：第一阶段是信号的前向传播，从输入层传递到隐含层，再传递到输出层，若输出层的实际输出与期望输出不符则进入下一个阶段；第二阶段是误差的后向传播，从输出层开始逐层反馈到输入层，先后调整各层之间的权重，如此循环，直到达到预定的最小误差后，就可将新样本输入已经训练好的网络中，得到期望的输出值。

BP 神经网络训练步骤如下：

（1）网络初始化。确定 BP 神经网络模型的输入层、隐含层和输出层的节点数，各层网络神经元之间的连接权值，等等。

（2）隐含层输出计算。基于输入向量、输入层与隐含层神经元之间的连接权值和隐含层阈值求解隐含层输出。

（3）输出层输出计算。基于步骤（2）的结果，结合隐含层与输出层的连接权值和输出层阈值求解 BP 神经网络预测输出。

（4）误差计算。比较步骤（3）的结果与期望输出值，计算二者之间的误差。

（5）权值更新。根据步骤（4）的结果调整各层网络间的连接权值。

（6）判断算法迭代是否结束。当计算的误差结果满足精度要求时，算法迭代结束，输出相应的预测值；若没有达到要求，则更新学习样本并确定其对应的期望输出，回到步骤（2），开始下一轮学习。

训练步骤的流程如图 7-1 所示。

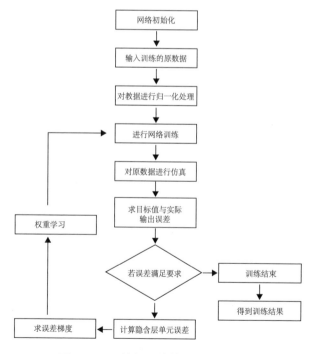

图 7-1　BP 神经网络的学习算法流程图

二、BP 神经网络模型的构建

（一）数据收集与处理

按照 BP 神经网络分析的步骤，在构建 BP 神经网络的模型前需确定数据样本并进行数据预处理。本部分将前文品牌真实性对绿色建材品牌推崇的影响研究的正式调查问卷所获得的数据作为样本数据，这些样本数据均是通过李克特七级量表获得的打分数据，数值范围为 [1, 7]。为了提高 BP 神经网络训练的效率，在进行正式训练学习前先将输入数据和输出数据进行归一化处理，需要将样本向量数据的取值归一到 [0, 1]。本研究采用的是最大最小标准化方法，见公式（1）：

$$x_i^* = \frac{x_i - x_{\min}}{x_{\max} - x_i}$$

（1）

公式（1）中，x_i^* 为第 i 个样本归一化后的值，x_i 为第 i 个原始数据的数值，$x_{\min}$ 是第 i 个指标的最小值，$x_{\max}$ 是第 i 个指标的最大值。

（二）BP 神经网络模型的设计

1. 确定 BP 神经网络模型的网络结构

相比于无隐含层的网络结构，多隐含层的网络结构能更准确地呈现数据，能够从原始数据中学习到模式，并通过逐层特征提取更为准确地表示数据，提升分类的精度。但当隐含层数量过多时，由于存在梯度弥散效应，精度可能会下降，这种提高存在上限。三层的 BP 神经网络能以任意精度逼近任何非线性连续函数，尤其适用于分析影响机理模糊不定的问题，故本研究采用三层的 BP 神经网络结构对数据进行分析。本研究的目的是揭示品牌真实性中各维度与绿色建材品牌推崇之间的关系，因此采用品牌真实性的五大子维度作为输入层神经元指标，将绿色建材品牌推崇作为输出层神经元。隐含层节点数参考公式（2）：

$$m = \sqrt{n+l} + a$$

（2）

公式（2）中：m 为隐含层节点数，n 为输入层节点数，l 为输出层节点数，a 为 1 ～ 10 的常数。故 m 的取值范围为 3 ～ 12。依据均方误差最小的原则分别对这 10 组神经元数目进行多次学习，其学习结果如表 7-1 所示，当隐含层个数为 5 个时，网络的均方误差最小。

表 7-1   各隐含层神经元数目对应的学习结果

隐含层神经元个数 / 个	均方误差（$\times 10^{-2}$）	训练步数 / 步
3	0.112 85	1 829
4	0.109 86	6 265
5	0.076 487	6 960
6	0.081 38	8 970
7	0.093 15	469
8	0.100 49	1 253
9	0.115 47	269
10	0.111 08	1 248
11	0.108 26	2 211
12	0.101 26	2 345

当隐含层神经元数为 5 时，根据表 7-1，网络训练的误差最小并且在允许范围内，故得到最佳隐含层节点数为 5，BP 神经网络模型最终确定为输入层为 5、中间层（隐含层）为 5、输出层为 1 的网络结构模型。基于 BP 神经网络品牌真实性对绿色建材品牌推崇模型网络结构如图 7-2 所示。

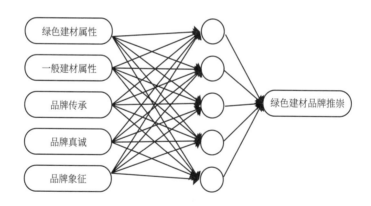

图 7-2   基于 BP 神经网络的绿色建材品牌推崇网络结构图

2. 设置 BP 神经网络模型的实验参数

确定 BP 神经网络模型的结构后，在进行模型训练前还需设置实验参数。BP 神经网络的模拟实践需要经历三个阶段，即训练学习阶段、测试阶段、预测阶段。训练学习阶段是第一阶段。本研究的 BP 神经网络训练算法选择 LM（Levenberg-Marquardt）算法，LM 算法是中小型神经网络的首选算法，在函数拟合和模型识别上具有突出优势，也是最快速的算法。本网络的学习步长定为 0.01，动量项系数定为 0.3，最大训练次数选用 10 000，最小均方误差设定为 1.00e-5，其他的网络参数依据系统而定，具体的 BP 神经网络模型的网络参数如表 7-2 所示，保存这些数据便于使用 BP 神经网络分析品牌真实性对绿色建材品牌推崇的影响度。

表 7-2　品牌真实性对绿色建材品牌推崇的 BP 神经网络模型参数

使用参数	参数描述
网络层数	3（输入层、单层隐含层、输出层）
输入层个数	5（品牌真实性的五个维度）
输出层个数	1（绿色建材品牌推崇）
隐含层个数	5（依据经验公式试凑得来）
输入层激活函数	Sigmod 型函数，本网络选择 tansig
输出层激活函数	Purelin 型函数
隐含层激活函数	Sigmod 型函数，本网络选择 tangsig
BP 网络创建函数	newff
网络训练函数	Levenberg-Marquardt (trainlm)
权值和阈值的学习算法	Mean Squared Error (mse)
网络性能函数	函数 premnmx
学习步长	0.01
动量项系数	0.3
最大训练次数	10 000
最小均方误差	1.00e-5

3. BP 神经网络模型的代码实现

在前文问卷调研中所获得的 641 个观测样本中，研究人员随机抽取了 500 个观测样本作为学习样本，剩下的 141 个观测样本作为测试样本。首先，运用 BP 神经网络训练选取的 500 份训练样本，获得输入层到隐含层的连接权重矩阵，求解品牌真实性子维度对绿色建材品牌推崇的影响度分析；其次，学习获取的连接权重矩阵对剩下的 141 份测试样本进行模拟，得到绿色建材品牌推崇值，检验学习模型的有效性；最后，通过改变训练样本的数量来检验测试结果的稳定性。为此，研究人员在 Matlab 实验平台独立编写基于 BP 神经网络的品牌真实性对绿色建材品牌推崇影响模型的代码，代码的可读性良好，自适应性良好。经过多次调试，得到品牌真实性对绿色建材品牌推崇影响模型的程序代码，主要语句如下。

```
clc % 清屏幕

clear % 清变量

close all % 关闭文件

rand('state',1)

%%% 读取数据

data=xlsread('数据 2.xls');% 读取数据

X_data=data(:,2:end);% 前几列为输入数据

Y_data=data(:,1);% 最后一列为输出数据

N=randperm(size(X_data,1));n=floor(N*0.8);

%%% 数据预处理

I=randperm(size(X_data,1));% 生成随机序列

X_train=X_data(I(1:n),:)';% 随机选取 500 组数据训练集输入

Y_train=Y_data(I(1:n),:)';% 训练集输出

% [X_train,inputps] = mapminmax(X_train1');% 归一化

% [Y_train,outputps]      = mapminmax(Y_train1');% 归一化

%%% BP 模型

fprintf('################ bp 算法进行预测 ###############\n')

% 设置参数

NodeNum =5;                    % 隐层节点数

TypeNum = 1;                   % 输出维数

TF1 = 'tansig';

TF2 = 'purelin'; % 判别函数（缺省值）

net = newff(minmax(X_train),[NodeNum TypeNum],{TF1 TF2});
```

```
% ( 中小型网络的首选算法 - 函数拟合 , 模式识别 )
net.trainFcn = 'trainlm' ;    % LM 算法 , 内存需求最大 , 收敛速度最快
%--------------------%
net.trainParam.lr = 0.01;                      % 学习步长 - traingd,traingdm
net.trainParam.mc = 0.3;                       % 动量项系数 - traingdm,traingdx
net.trainParam.epochs = 10000;                 % 最大训练次数
net.trainParam.goal = 1e-5;                    % 最小均方误差
%
% 训练
net = train(net,X_train,Y_train);              % 训练
Y1 = sim(net,X_train);                         % 训练样本实际输出
Y11=round(Y1);Y11(Y11>1)=1;Y11(Y11<0)=0;
% Y1=mapminmax( 'reverse' ,Y1,outputps) ;
train_Y=round(Y_data(I(1:n))' );
figure
plot(train_Y, 'bo-' )
hold on
plot(Y11, 'r*-' )
xlabel( '样本' )
ylabel( '绿色建材品牌推崇值' )
title( '学习集输出值对比结果' )
legend( '真实值' , '预测值' )
disp([ '训练集拟合准确率 :'   num2str(sum(train_Y==Y11)/length(train_Y)*100)])
disp([ '训练集拟合均方差 :'   num2str(mse(Y1'-Y_data(I(1:n))))])
```

```
disp(['训 练 集 拟 合 R2:' num2str(min(min(corrcoef(Y1', Y_
data(I(1:n)))))))])

figure

plot(Y_train, 'r-')

hold on

plot(Y1, 'b-')

legend('真实值', '预测值')

xlabel('样本')

ylabel('品牌推崇值预测误差')

title('学习集输出对比')

figure

plot(Y_train-Y1, '-*')

xlabel('样本')

ylabel('绿色建材品牌推崇值预测误差')

title('学习集输出误差')

Err=(Y_train-Y1);

Acc1=1-mean(abs(Err));

% fprintf(strcat('学习样本预测正确率为:',num2str(Acc1), '\n'))

%%% 测试部分

X_test=X_data(I(n+1:end),:)';% 选取剩下数据为测试集输入

Y_test=Y_data(I(n+1:end),:)';% 测试集输出

% X_test = mapminmax('apply',X_test1',inputps);% 归一化

Y2 = sim(net,X_test);                % 测试样本实际输出

Y22=round(Y2);Y22(Y22>1)=1;Y22(Y22<0)=0;

% Y2=mapminmax('reverse',Y2,outputps);
```

```
test_Y=round(Y_data(I(n+1:end))');

figure

plot(test_Y, 'bo-')

hold on

plot(Y22, 'r*-')

xlabel('样本')

ylabel('绿色建材品牌推崇值')

title('预测集输出值对比结果')

legend('真实值', '预测值')

figure

plot(Y_test, 'b-')

hold on

plot(Y2, 'r-')

xlabel('样本')

ylabel('品牌推崇值')

title('预测集输出值对比结果')

legend('真实值', '预测值')

title('预测集输出对比')

figure

plot(Y_test-Y2, '-*')

xlabel('样本')

ylabel('绿色建材品牌推崇值预测误差')

title('预测集输出误差')

disp(['测试集拟合准确率:' num2str(sum(test_Y==Y22)/length(test_Y)*100)])
```

disp(['测试集拟合均方差：' num2str(mse(Y2' -Y_data(I(n+1:end))))])

disp(['测 试 集 拟 合 R2:' num2str(min(min(corrcoef(Y2' , Y_data(I(n+1:end))))))])

% Err=(Y_test-Y2);

% Acc2=1-mean(abs(Err));

% fprintf(strcat('预测样本预测正确率为:' ,num2str(Acc2), '\n'))

%% 输出 W 和 b

fprintf('第一层网络权重为: \n')

W1=net.IW{1,1}

fprintf('第一层网络 b 为: \n')

b1=net.b{1,1}

fprintf('第二层网络权重为: \n')

W2=net.LW{2,1}

fprintf('第二层网络 b 为: \n')

b2=net.b{2,1}

% %% 获得影响程度

% XX_data=[1 0 0 0 0; 0 1 0 0 0;0 0 1 0 0; 0 0 0 1 0; 0 0 0 0 1;];

% Y3 = sim(net,XX_data') ;   % 测试样本实际输出

% fprintf('影响程度: \n')

% YY=abs(Y3)

% % Y3=mapminmax('reverse' ,Y3,outputps)

%% 计算权重

for i=1:size(W1,2)

temp=sum(abs(W1(:,i)));

W(i)=temp/sum(sum(abs(W1)));

```
    end
    disp(['各个指标的权重为:'   num2str(W)])
    indexes={'一般属性,''绿色属性','品牌象征','品牌真诚','品
牌传承'};c=length(indexes);
    figure
    bar(W,0.5);
    xlim([0 c+1]);    % 设置 x 轴范围
    xlabel('指标名称','FontSize',15,'FontWeight','bold');
    set(gca,'xtick',1:c);
    set(gca,'XTickLabel',indexes,'FontSize',15,'FontWeight','bold');
    ylabel('权重','FontSize',15,'FontWeight','bold');
    set(gca,'YGrid','on');
    for i=1:c
    text(i-0.25,W(i)+0.01,sprintf('%.3f',W(i)));
    end
    title('各指标权重对比','FontSize',15);
    box off;
    while 1
pred_x=input('请输入要预测的样本输入，如：[0.2 ;0.3 ;0.4 ;0.5 ;0.9]');
    Y3 = sim(net,pred_x);             % 训练样本实际输出
    Y3=round(Y3);Y3(Y3>1)=1;Y3(Y3<0)=0;
    disp(['对应的输出为:'   num2str(Y3)])
    end
```

三、BP 神经网络模型的仿真结果与分析

（一）BP 神经网络模型的训练结果与分析

图 7-3、图 7-4 是基于 BP 神经网络的品牌真实性对绿色建材品牌推崇模型迭代 6 960 步后的梯度值、确认检查和学习率。由图 7-3、图 7-4 可知，经过 6 960 步迭代后品牌真实性对绿色建材品牌推崇的神经网络模型训练完成。

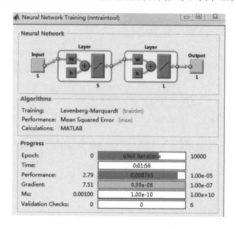

图 7-3　BP 神经网络模型程序运行结束图

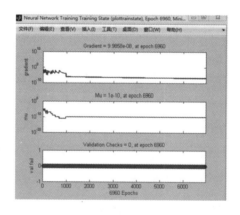

图 7-4　迭代 6 960 步后的梯度值、确认检查和学习率

通过 BP 神经网络进行品牌真实性对绿色建材品牌推崇影响模型的自主学习，得到基于 BP 神经网络的品牌真实性对绿色建材品牌推崇模型学习集的训练结果，学习样本的预测正确率为 96.761%。该影响模型的学习集样本数据实际输出值和期望输出值的拟合图如图 7-5 所示。由图 7-5 可知，绝大部分

学习样本的实际输出值和期望输出值均重合，重合度较高，这表明学习集样本数据的真实值和预测值具有良好的拟合度。因此，基于 BP 神经网络构建的品牌真实性对绿色建材品牌推崇影响模型的可靠性较好。

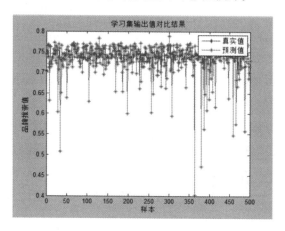

图 7-5　学习数据样本实际输出和期望输出拟合图

图 7-6 是基于 BP 神经网络的品牌真实性对绿色建材品牌推崇影响模型的学习样本均方误差图。由图 7-6 可知，绝大部分学习样本的均方误差都在 −0.05 和 0.05 之间，只有极少数样本的均方差分布得较为离散，这部分学习样本不影响该模型的整体学习阶段综合评估。因此，由图 7-6 可以得出学习样本在均方误差许可范围内，符合设定的均方误差要求。此结果进一步验证了品牌真实性对绿色建材品牌推崇影响模型的可靠性。

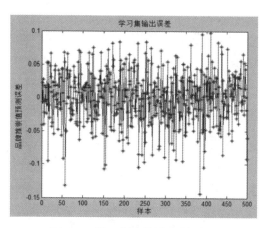

图 7-6　学习样本均方误差图

　　基于 BP 神经网络的品牌真实性对绿色建材品牌推崇训练所得的误差值收敛图如图 7-7 所示。由图 7-7 可知，网络的训练误差为 0.000 764 87，符合均方误差 1.00e-5 的要求，即网络均方误差达到了设定的误差要求。

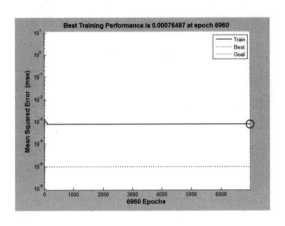

图 7-7　误差值收敛图

　　品牌真实性对绿色建材品牌推崇影响模型的神经网络训练过程拟合度分析图如图 7-8 所示。由图 7-8 可知，训练样本与训练结果的拟合系数 $R=0.861\ 99$，预测值十分接近实际值，表明训练结果良好。综上所述，在品牌真实性对绿色建材品牌推崇的神经网络模型中，输入层神经元数为 5、隐含层神经元数为 5、输出层神经元数为 1 的神经网络模型的网络训练效果很理想，模型的可靠性很好，可以通过已建立的品牌真实性对绿色建材品牌推崇影响模型进行后续的测试分析。

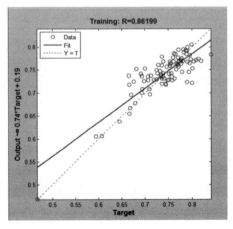

图 7-8　训练过程拟合度分析图

（二）品牌真实性对绿色建材品牌推崇的影响度分析

依据 BP 神经网络求解品牌真实性子维度对绿色建材品牌推崇的影响度。首先，利用 BP 神经网络自主学习 500 份训练样本，得到了输入层到隐含层的影响权重矩阵 W_1，以及隐含层到输出层的影响权重矩阵 W_2，具体数值如表 7-3 和表 7-4 所示。

表 7-3　第一层网络权重 W_1

项目	1	2	3	4	5
绿色建材属性	3.712 5	11.074 6	5.486 3	− 5.969 3	− 10.527 2
一般建材属性	5.892 6	− 10.733 2	− 5.437 0	− 3.763 8	10.347 4
品牌真诚	1.134 7	11.426 7	5.533 3	− 3.511 8	− 10.717 6
品牌传承	− 1.891 2	− 0.071 7	− 1.547 2	4.150 6	− 8.580 3
品牌象征	− 47.712 0	90.537 1	− 12.637 6	− 51.239 4	− 41.664 8

表 7-4　第二层网络权重 W_2

项目	1	2	3	4	5
绿色建材品牌推崇	− 382.760 9	− 194.804 1	188.146 6	− 0.213 0	− 0.122 8

将输入指标 x_i 到所有隐含层节点的连接权重的绝对值之和的归一化结果 w_i 作为该品牌真实性子维度对绿色建材品牌推崇的影响权重，如公式（3）所示。

$$w_i = \frac{\sum\limits_{j=1}^{n}\left|w_{ij}\right|}{\sum\limits_{i=1}^{m}\sum\limits_{j=1}^{n}\left|w_{ij}\right|} \qquad i=1,2,\cdots,m; j=1,2,\cdots,n \tag{3}$$

其中：m 为输入指标的个数；n 为隐含层的节点数。

由公式（3）求解得到品牌真实性五个子维度的权重向量 w_i 为（0.165, 0.339, 0.084, 0.188, 0.224），各个维度的影响权重分布如图 7-9 所示。

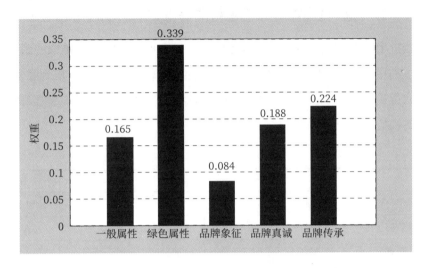

图 7-9　品牌真实性对绿色建材品牌推崇的影响权重

从图 7-9 中可知，一般属性、绿色属性、品牌象征、品牌真诚和品牌传承均能影响绿色建材品牌推崇，影响权重大小的排序为绿色属性、品牌传承、品牌真诚、一般属性和品牌象征。因此，与品牌真实性的其他维度相比，绿色属性对绿色建材品牌推崇的影响最大，即消费者更易被绿色建材品牌的绿色属性吸引。当绿色建材品牌的绿色属性真实地呈现在消费者面前时，消费者更容易接受绿色建材品牌，更可能成为该绿色建材品牌的推崇者。

将此研究结果与第六章通过结构方程验证品牌真实性各子维度与绿色建材品牌推崇相关假设的研究结果进行对比发现，两种研究方法均得到了绿色属性、品牌传承、品牌真诚和一般属性影响绿色建材品牌推崇的结论，且这四个子维度对绿色建材品牌推崇的影响强度大小顺序是一致的。但 BP 神经网络的分析结果表明品牌象征对绿色建材品牌推崇存在影响，在结构方程中品牌象征对绿色建材品牌推崇的影响则不显著。由此可见，神经网络在处理多映射和非线性的复杂性影响机理时有一定的优势，基于 BP 神经网络建立的品牌真实性各维度对绿色建材品牌推崇的影响权重的研究佐证了第六章使用结构方程方法探索品牌真实性对绿色建材品牌推崇影响的相关研究，也进一步说明了基于 BP 神经网络建立品牌真实性对绿色建材品牌推崇影响模型的可行性，可作为结构方程研究的有益补充。

（三）基于 BP 神经网络的绿色建材品牌推崇模型的稳定性分析

本研究通过 BP 神经网络对 500 份样本进行自主学习，获得了输入层到隐含层和隐含层到输出层的连接权重矩阵，再基于得到的连接权重来模拟测试样本，得到绿色建材品牌推崇的仿真结果。将剩余的 141 份测试样本输入 BP 神经网络模型进行检验，测试集的准确率为 95.213%。测试集的样本真实值与预测值的数据拟合图如图 7-10 所示。绿色建材品牌推崇值的真实性与预测值的图形大部分重叠，测试集结果输出值逼近期望输出值，测试集样本数据的拟合效果较好。

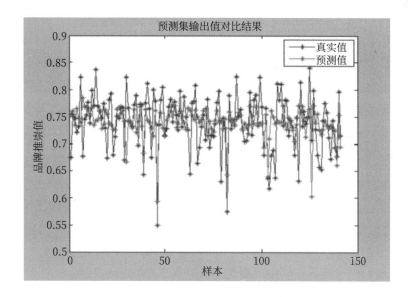

图 7-10　基于 BP 神经网络测试集的样本拟合图

基于 BP 神经网络测试集的均方误差图如图 7-11 所示。由图 7-11 可知，测试集的均方误差分布在 − 0.15 和 0.15 之间，误差范围符合均方误差的要求。综合测试集的准确率和均方误差值表明品牌真实性对绿色建材品牌推崇的影响网络测试的效果较好，可以用于后续绿色建材品牌推崇影响模型的稳定性分析。

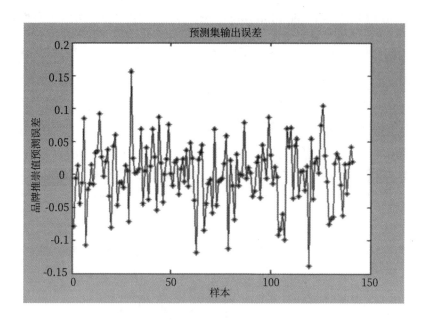

图 7-11　基于 BP 神经网络测试集的均方误差图

　　从前文获得的 641 份调研数据中选取 80% 的样本作为预测样本集，通过对比真实输出与预测输出值来判断绿色建材品牌推崇影响模型的准确率，同时依据预测样本的均方误差来评价绿色建材品牌推崇影响模型的有效性。预测集样本的绿色建材品牌推崇真实输出和绿色建材品牌推崇预测输出的拟合图如图 7-12 所示，预测集样本的均方误差图如图 7-13 所示。从图 7-12 中可以看出，预测样本的真实值和预测值大部分重合，主要集中在 0.5 和 0.9 之间，只有少部分真实值游离在预测值之外，不影响预测样本的整体评估。从图 7-13 中可以看出，预测集的均方误差符合网络模型设定的误差要求。结合图 7-12 和图 7-13 的结果可知，本次研究所构建的 BP 神经网络用来预测品牌真实性对绿色建材品牌推崇影响度的效果较好。

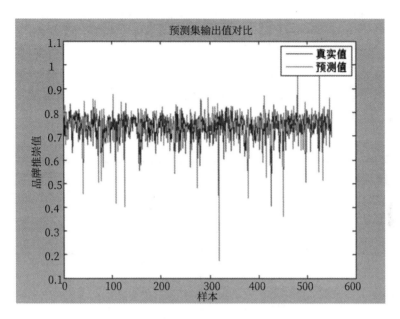

7-12　预测样本真实值与预测值的拟合图

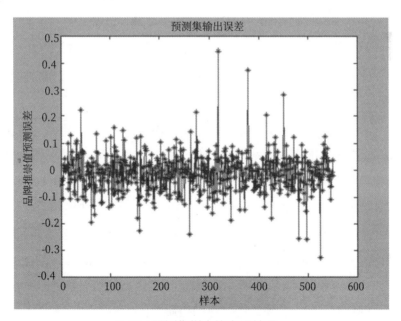

7-13　预测集样本均方误差图

为了测试样本数量在品牌真实性对绿色建材品牌推崇影响过程中的作用，本研究进一步选取了 50% 和 20% 两组不同的样本数作为学习样本，然后比较三次学习的训练时间、均方误差和拟合准确率的结果，进一步判断绿色建材品牌推崇影响模型的稳定性。训练的结果如表 7-5 所示。根据表 7-5，三组不同样本数量的训练时间、均方误差和拟合准确率的差别不大。由此表明，样本数量对绿色建材品牌推崇的预测影响较小，本研究所构建的品牌真实性对绿色建材品牌推崇的影响模型具有一定的可靠性和稳定性。

表 7-5　基于 BP 神经网络绿色建材品牌推崇模型不同样本的预测结果

样本数	训练时间 / 秒	均方误差	准确率 /%
513	105	0.006 648 7	97.487
307	115	0.006 421 4	96.578
128	109	0.005 041 6	98.545

四、本章小结

本章基于 BP 神经网络建立了品牌真实性对绿色建材品牌推崇的影响模型，并且开发了 BP 神经网络模型程序代码，计算了品牌真实性子维度对绿色建材品牌推崇的影响权重，同时验证了影响模型的可靠性和稳定性。

（1）本章介绍了 BP 神经网络的原理和运用步骤，分析了 BP 神经网络用于品牌真实性对绿色建材品牌推崇的影响研究的可行性。

（2）通过数据归一化和设定 BP 神经网络的相关参数，建立了基于 BP 神经网络的品牌真实性与绿色建材品牌推崇之间的映射关系模型。通过训练所得的模拟值与真实值具有较高的拟合度，结果表明基于 BP 神经网络构建的品牌真实性对绿色建材品牌推崇影响模型具有一定的可靠性和稳定性。

（3）基于已建立的 BP 神经网络模型求解品牌真实性对绿色建材品牌推崇的影响度，从而得到品牌真实性子维度对绿色建材品牌推崇的影响度。研究结果表明，品牌象征、品牌传承、绿色属性、品牌真诚和一般属性均能影响绿色建材品牌推崇，影响权重的顺序是绿色属性、品牌传承、一般属性、品牌真诚和品牌象征。因此，在品牌真实性子维度中，绿色属性对绿色建材品牌推崇的影响最大，即消费者更易被绿色建材品牌的绿色属性吸引，从而成为绿色建材品牌推崇者。

第八章 结论与展望

一、研究结论

本研究解构了绿色建材的品牌真实性和绿色建材品牌推崇的核心内涵，开发了品牌真实性和绿色建材品牌推崇的语义量表，在相关绿色品牌行为理论的基础上构建了品牌真实性对绿色建材品牌推崇的影响模型，运用结构方程模型、PROCESS 分析及单因素方程检验等方法探讨了绿色透明化、绿色怀疑、自我—品牌联结和认知需要等变量在品牌真实性对绿色建材品牌推崇影响过程中的作用，通过神经网络识别出了品牌真实性子维度对绿色建材品牌推崇的影响强度，检验了绿色建材品牌推崇预测模型的可行性和稳定性。通过相关理论分析和实证检验，得出了如下研究结论。

1. 绿色建材的品牌真实性和绿色建材品牌推崇的维度及其语义内涵

绿色建材的品牌真实性构成维度包括一般属性、绿色属性、品牌传承、品牌真诚和品牌象征。一般属性和绿色属性两个子维度体现了消费者基于绿色建材的一般功能属性和绿色功能属性等外在物理线索形成的一种真实性判断；品牌传承和品牌真诚两个子维度反映了消费者个人的知识结构、社会经历和观念信仰等投影到绿色建材品牌上而感知的真实性；品牌象征反映了绿色建材品牌成为消费者自我表达和外在沟通的载体，通过消费该品牌感受到真实自我的真实性。

绿色建材品牌推崇的两个主要维度包括信念性绿色建材品牌推崇和行为性绿色建材品牌推崇；绿色建材品牌推崇的五个子维度包括绿色建材属性、品牌建材属性、购买意向、口碑宣传和竞争品牌抵制。信念性绿色建材品牌推崇包括绿色建材属性和品牌建材属性两个子维度，反映了消费者对绿色建材的环保节能、健康无害、优质保证和服务承诺的信心与确信。行为性绿色建材品牌推崇包括购买意向、口碑宣传和竞争品牌抵制三个子维度，反映了消费者对绿色建材品牌的三种支持性行为。购买意向是最浅层次的支持性行为，表现为消费者自己具有购买绿色建材品牌的意向；口碑宣传是较深层次的支持性行为，表现为消费者自愿向他人宣传绿色建材品牌；竞争品牌抵制是最深层次的支持性行为，表现为消费者对绿色建材品牌的一种排他性和专一性行为，坚定支持"焦点"绿色建材品牌，自觉抵制其他竞争性的绿色建材品牌。该绿色建材品牌推崇的构成维度呼应了潘达等[234]提出的绿色品牌推崇维度，其中信念性绿色建材品牌推崇与绿色品牌感知价值和绿色品牌高度热情相对应，行为性绿色建材品牌推崇与搜索最新的绿色品牌信息、绿色品牌的积极口碑宣传相对应。

2. 绿色透明化和绿色怀疑对品牌真实性的影响

绿色透明化积极影响品牌真实性，且绿色透明化积极影响一般属性、绿色属性、品牌传承、品牌真诚和品牌象征等子维度。绿色透明化代表着品牌能否坦诚绿色建材品牌的绿色属性，能否清晰透明地公布绿色建材品牌在生产运营过程中对环境的影响，这些信息和线索的透明程度体现了绿色建材品牌的真诚和诚信程度，影响了消费者对绿色建材的品牌真实性感知。如果绿色建材品牌能够开诚布公地说明品牌的绿色属性和绿色价值，就能够避免消费者的质疑和不信任，增加消费者对绿色建材品牌的真实性感知。

绿色怀疑对品牌真实性具有显著负向影响。绿色怀疑对绿色属性和品牌真诚具有显著负向影响，对一般属性、品牌传承和品牌象征的负向影响不显著。绿色怀疑体现了消费者在与绿色建材品牌互动的过程中对绿色建材品牌绿色绩效和环保效益心存怀疑，对绿色建材品牌的绿色化动机和绿色主张不信任，没有感受到绿色建材品牌绿色价值的真实性，负向影响消费者绿色建材品牌的真实性感知。

3. 自我—品牌联结和认知需要在品牌真实性对绿色建材品牌推崇影响中的作用

品牌真实性会通过自我—品牌联结的中介作用，对绿色建材品牌推崇产生间接的积极影响。品牌真实性对绿色建材品牌推崇的影响与自我—品牌联结息息相关。在消费者与绿建材品牌对话的过程中，如果消费者感受到了绿色建材品牌的环保担当，就会借助绿色建材品牌表达环境保护和亲社会行为的自我需求，与绿色建材品牌建立自我—品牌联结，这种自我—品牌联结的程度将会影响绿色建材品牌推崇行为。

认知需要能调节自我—品牌联结在品牌真实性与绿色建材品牌推崇关系间的中介作用，并反映出被调节的中介效应，即认知需要水平越高，品牌真实性通过自我—品牌联结对绿色建材品牌推崇的间接影响越强。该研究结论反映了具有不同认知需要水平的消费者对绿色建材品牌推崇的影响存在差异，绿色建材品牌的信息沟通应契合消费者的认知特征。

4. 品牌真实性各维度对绿色建材品牌推崇的影响强度

品牌真实性及其各维度对绿色建材品牌推崇具有显著的正向影响。品牌真实性各维度对绿色建材品牌推崇的影响强度不同，其强度大小依次为绿色属性、品牌传承、品牌真诚、一般属性、品牌象征。需要特别关注的是，该研究结论强调了品牌真实性各维度对绿色建材品牌推崇的影响度存在差异，绿色建材属性对绿色建材品牌推崇的影响最大，是影响绿色建材品牌推崇的决定性因素。绿色建材品牌企业应向消费者呈现其品牌的环保专利、产品标志和绿色建筑选用品牌等信息，让消费者更加直观、便捷地识别出建材的绿色信息，增加绿色建材品牌绿色属性的真实性，为培育绿色建材品牌推崇者创造条件。

同时，也需要关注绿色建材品牌的耐用持久、舒适美观、质量优良等基本属性，这是绿色建材品牌真实性的基础。另外，还需要关注绿色建材品牌工艺传承与品牌承诺等因子，这些因子会让消费者产生专注、务实和可靠的积极品牌联想，进一步深化绿色建材品牌的真实性认知，形成亲密的绿色建材品牌联结，并使消费者自愿成为绿色建材品牌的推崇者。

此外，婚姻状态对绿色建材品牌推崇的影响不显著，家庭小孩年龄和地区显著影响行为性绿色建材品牌推崇，年收入水平与信念性绿色建材品牌推崇显著相关。上述研究结论较为清晰地反映了品牌真实性对绿色建材品牌推崇的影响机理，其影响机理受到绿色建材的品牌特性和消费者特质的影响，且二者在品牌真实性对绿色建材品牌推崇的影响路径中存在着一定的差异。

二、主要创新点

本研究从品牌真实性的视角研究其对绿色建材这一特殊产品品牌推崇的影响因素和机理，为绿色建材企业培育品牌推崇者提供了一定的理论支撑和实践参考。本研究的主要创新点如下。

（1）结合绿色建材的产品特点和绿色建材品牌的消费特点，界定了绿色建材品牌真实性和绿色建材品牌推崇的内涵，明确了绿色建材的品牌真实性和绿色建材品牌推崇的构成维度，丰富了品牌真实性和品牌推崇的研究内容。

（2）结合绿色建材品牌的特殊性和绿色品牌消费的相关理论，构建了绿色建材的品牌真实性对绿色建材品牌推崇的影响模型，揭示了绿色怀疑、绿色透明化、自我—品牌联结和认知需要在品牌真实性影响绿色建材品牌推崇过程中的作用。

（3）开展了品牌真实性对绿色建材品牌推崇影响模型的模拟仿真。神经网络在品牌真实性和品牌推崇领域内的应用还比较少，本研究利用 BP 神经网络构建了品牌真实性对绿色建材品牌影响的仿真模型。通过对模型参数的设置和调整，探索了品牌真实性对绿色建材品牌推崇的影响权重，识别出了品牌真实性影响绿色建材品牌推崇的关键维度，丰富了仿真分析方法在绿色建材品牌营销领域的应用。

三、研究展望

基于品牌真实性对绿色建材品牌推崇的作用模型，本研究分析了绿色透明化、绿色怀疑、自我—品牌联结、认知需要和人口统计变量等因素在品牌真实性影响绿色建材品牌推崇中的作用，得到了一些有理论价值和实际价值的研究结论。纵观全书，虽然笔者做了较为系统和深入的研究，但还存在一些不足，希望后续的研究能够进一步充实和完善。

（1）本研究以绿色地板为实证，得到了绿色建材品牌真实性和绿色建材品牌推崇的构成维度和语义项。但绿色建材品牌包含的品类十分广泛，如水泥、陶瓷、玻璃、门窗等，未来可拓展研究品类，以增强品牌真实性和绿色建材品牌推崇维度及语义项的普适性。

（2）影响绿色建材品牌推崇的因素较多，本研究从品牌真实性的视角考察了绿色透明化、绿色怀疑、自我—品牌联结、认知需要和人口统计变量等对绿色建材品牌推崇的影响，未来可以深入挖掘其他消费者人格特质变量对绿色建材品牌推崇的影响机理。

（3）本研究的因变量是消费者的绿色建材品牌推崇行为，当绿色建材品牌推崇的主体发生变化时，品牌真实性如何影响绿色建材品牌推崇是个值得深入探讨的问题。未来的研究可以考虑品牌真实性对品牌代言人的绿色建材品牌推崇行为、销售人员的绿色建材品牌推崇行为和设计人员的绿色建材品牌推崇行为的影响，并比较分析这些不同主体的绿色建材品牌推崇行为的差异。

参考文献

[1] 中华人民共和国工业和信息化部. 建材工业发展规划（2016—2020 年）[J]. 广东建材，2016，32（11）：65-71.

[2] 乔龙德. 用"两个二代"创新发展的模式推动"三期叠加"转向全面扩展、全面转型和全面加快发展的新时期 [J]. 江苏建材，2019（03）：77.

[3] 汪光武. 建材营销策略整合创新 [C]// 中国涂料工业协会. 第二届中国涂料资讯报告会暨第四届中国建筑涂料战略研讨会论文集. 北京：中国涂料工业协会，2005：98-106.

[4] PETERSON R A. In Search of Authenticity[J]. Journal of Management Studies, 2005, 42(5): 1083-1098.

[5] BEVERLAND M B. Building Brand Authenticity: 7 Habits Iconic Brands[M]. New York: Palgrave Macmillan, 2009.

[6] SPIGGLE S, HANG T N, CARAVELLA M. More Than Fit: Brand Extension Authenticity[J]. Journal of Marketing Research, 2012, 49(6): 967-983.

[7] MUNOZ L C , WOOD T N , SOLOMON R M . Real or blarney? A Cross - cultural Investigation of the Perceived Authenticity of Irish Pubs[J]. Journal of Consumer Behaviour, 2006, 5(3): 222-234.

[8] MATZLER K, PICHLER E A, HEMETSBERGER A. Who is Spreading the Word? The Positive Influence of Extraversion on Consumer Passion and Brand Evangelism[R]. Paper Presented at 2007AMA Winter Educates' Conference: Marketing Theory and Application. Chicago, IL, 2007, 18: 25-32.

[9] SCHALLEHN M, BURMANN C , RILEY N. Brand Authenticity: Model Development and Empirical Testing[J]. Journal of Product & Brand Management, 2014, 23(3): 192-199.

[10] COLLINS N, MURPHY J. A Theoretical Model of Customer Evangelism[R]. Paper Presented at Australia and New Zealand Marketing Academy Conference, Melbourne, Australia, 2009.

[11] NEWMAN G, DHAR R. Authenticity is Contagious: Brand Essence and the Original Source of Product[J]. Journal of Marketing Research, 2014, 51(3): 371–386.

[12] NAPOLI J, DICKINSON S J, BEVERLAND M B, et al. Measuring Consumer–Based Brand Authenticity[J]. Journal of Business Research, 2014, 67(6): 1090–1098.

[13] 姚鹏，王新新. 弱势企业并购后品牌战略与消费者购买意向关系研究：基于品牌真实性的视角 [J]. 营销科学学报，2014（01）：97–111.

[14] 梁勇. 绿色品牌真实性问题探讨 [J]. 消费经济，2011，27（03）：63–66.

[15] LEIGH T W, PETERS C, SHELTON J. The Consumer Quest for Authenticity: The Multiplicity of Meanings Within the MG Subculture of Consumption[J]. Journal of the Academy of Marketing Science, 2006, 34(4): 481–493.

[16] 徐伟，王新新. 商业领域"真实性"及其营销策略研究探析 [J]. 外国经济与管理，2012，34（06）：57–65.

[17] KIM J H, JANG S C. Determinants of Authentic Eexperiences: An Extended Gilmore and Pine Model for Ethnic Restaurants[J]. International Journal of Contemporary Hospitality Management, 2016, 28(10): 2247–2266.

[18] BEVERLAND M B , FARRELLY F J. The Quest for Authenticity in Consumption: Consumers' Purposive Choice of Authentic Cues to Shape Experienced Outcomes[J]. Journal of Consumer Research, 2010, 36(5): 838–856.

[19] ERDEM T , SWAIT J. Brand Credibility , Brand Consideration , and Choice[J]. Journal of Consumer Research, 2004, 31(1): 191–198.

[20] 徐伟，王平，王新新，等. 老字号真实性的测量与影响研究 [J]. 管理学报，2015，12（09）：1286–1293.

[21] HUI M K, ZHOU L. Country–of–manufacture Effects for Known Brands[J]. European Journal of Marketing, 2003, 37(1/2): 133–153.

[22] 孙习祥, 陈伟军. 消费者绿色品牌真实性感知指标构建与评价[J]. 系统工程，2014，32（12）：92–96.

[23] ALZUBAIDI M S. Role of Sustainable Building Materials in Housing Affordability[C]// IABSE Symposium Report. 2005, 89(1): 235–242.

[24] CHI P H, KINNEY K A, CORSI R L. Ozone Removal by Green Building Materi-

als[J]. Building & Environment, 2009, 44(8): 1627–1633.

[25]　JOSEPH P, TRETSIAKOVA–MCNALLY S. Sustainable Non–metallic Building Materials[J]. Sustainability, 2010, 2(2): 400–427.

[26]　CHENG Y H, LIN C C, HSU S C. Comparison of Conventional and Green Building Materials in Respect of VOC Emissions and Ozone Impact on Secondary Carbonyl Emissions[J]. Building & Environment, 2015, 87: 274–282.

[27]　CHANG Y H, HUANG P H, CHUANG T F, et al. A Pilot Study of the Color Performance of Recycling Green Building Materials[J]. Journal of Building Engineering, 2016, 7: 114–120.

[28]　KHOSHNAVA S M, ROSTAMI R, VALIPOUR A, et al. Rank of Green Building Material Criteria Based on the Three Pillars of Sustainability Using the Hybrid Multi Criteria Decision Making Method[J]. Journal of Cleaner Production, 2018, 2(173): 82–89.

[29]　贺海洋，王慧. 当今"绿色建材"的研究现状 [J]. 广东建材，2004（06）：11–13.

[30]　冀志江，王静，王继梅，等. 建材 60 年的绿色化发展历程 [J]. 城市住宅，2009（10）：·90–93.

[31]　SHI Q, XU Y. The Selection of Green Building Materials Using GA–BP Hybrid Algorithm[C]// International Conference on Artificial Intelligence and Computational Intelligence. IEEE Computer Society, 2009: 40–45.

[32]　FRANZONI, E. Materials Selection for Green Buildings: Which Tools for Engineers and Architects?[J]. Procedia Engineering, 2011, 21(1), 883–890.

[33]　KUO C F J, Lin C H, HSU M W. Analysis of Intelligent Green Building Policy and Developing Status in Taiwan[J]. Energy Policy, 2016, 95: 291–303.

[34]　崔艳琦. 国外绿色建材及其对我国的启示 [J]. 新型建筑材料，2008（10）：37–39.

[35]　刘邦禹，蔡晗. 绿色建材的研究与发展综述 [J]. 环境科学导刊，2014（04）：56–58.

[36]　AKADIRI P O, OLOMOLAIYE P O. Development of Sustainable Assessment Criteria for Building Materials Selection[J]. Engineering Construction & Architectural

Management, 2012, 19(6): 666–687.

[37]　KOTLER P, KELLER K. Marketing Management[M]. 12th ed. New Jersey: Pearson/Prentice Hall, 2006.

[38]　HARTMANN P, IBANEZ V A , SAINZ J F F, Green Branding Effects on Attitude: Functional Versus Emotional Positioning Strategies[J]. Marketing Intelligence and Planning, 2005, 23(1): 9–29.

[39]　DICKSON M A, LOKER S, ECKMAN M. Social Responsibility in the Global Apparel Industry[M]. NewYork: Fairchild Books, 2009.

[40]　MOURAD M, AHMED Y S E. Perception of Green Brand in an Emerging Innovative Market[J]. European Journal of Innovation Management, 2012, 15(4): 514–537.

[41]　HUANG Y C, YANG M, WANG Y C. Effects of Green Brand on Green Purchase Intention[J]. Marketing Intelligence & Planning, 2014, 32(3): 250–268.

[42]　BULSARA H P, PRIYA M S. Scale Development to Access the Impact of Green Business Functions on Green Brand Equity[J]. International Journal of Economic Research, 2014, 11(3): 651–662.

[43]　PAPISTA E, DIMITRIADIS S. Consumer‐green Grand Relationships: Revisiting Benefits, Relationship Quality and Outcomes[J]. International Journal of Product &Brand Management, 2019, 28(2): 166–187.

[44]　GRANT J. Green Marketing[J]. Strategic Direction, 2008, 24(6): 25–27.

[45]　郭锐，李伟，严良. 漂绿后绿色品牌信任重建战略研究：基于 CBBE 模型和合理性视角 [J]. 中国地质大学学报（社会科学版），2015，15（03）：28–38.

[46]　张明林，刘克春. 我国农业龙头企业绿色品牌"局部化"战略的现状、动机、问题与对策 [J]. 宏观经济研究，2012（08）：97–103.

[47]　WANG H. Green City Branding: Perceptions of Multiple Stakeholders [J]. International Journal of Product & Brand Management, 2019, 28(3): 376–390.

[48]　GULSRUD N M. Green Space Branding in Denmark in an Era of Neoliberal Governance[J]. Urban Forestry & Urban Greening, 2013, 12(3): 330–337.

[49]　CHAN C S, MARAFA L M, THIBAULT A, et al. Rebranding Hong Kong "Green": The Potential for Connecting City Branding with Green Resources[J]. World Lei-

sure Journal, 2014, 56(1): 62–80.

[50]　CHAN C S. Health–related Elements in Green Space Branding in Hong Kong[J]. Urban Forestry & Urban Greening, 2017, 21: 192–202.

[51]　HEMMERLING S, HAMM U, SPILLER A. Consumption Behaviour Regarding Organic Food from a Marketing Perspective – A Literature Review[J]. Organic Agriculture, 2015, 5(4): 277–313.

[52]　ANGELIS M D, ADIGUZEL F, AMATULLI C. The Role of Design Similarity in Consumers' Evaluation of New Green Products: An Investigation of Luxury Fashion Brands[J]. Journal of Cleaner Production, 2017, 141: 1515–1527.

[53]　PERVIN S, RANCHHOD A, WILMAN M. Trends in Cosmetics Purchase: Ethical Perceptions of Consumers in Different Cultures. A Cross Country Comparative Study Between South Asian and Western Consumers[J]. Journal of Customer Behaviour, 2014, 13(1): 57–72.

[54]　BECERRA E P, BADRINARAYANAN V. The Influence of Brand Trust and Brand Identification on Brand Evangelism[J]. Journal of Product & Brand Management, 2013, 22(5/6): 371–383.

[55]　DOSS S K. "Spreading the Good Word": Toward an Understanding of Brand Evangelism[J]. Journal of Management and Marketing research , 2014,14 :1–16.

[56]　LI–CHUN H. Investigating the Brand Evangelism Effect of Community Fans on Social Networking Sites Perspectives on Value Congruity[J]. Online Information Review, 2019, 43(5): 842–866.

[57]　MCCONNELL B, HUBA J. Creating Customer Evangelists: How Loyal Customers Become a Volunteer Sales Force[M]. Chicago. IL: Dearborn Trade Publishing, 2002.

[58]　DWYER B, GREENHALGH G P, LECROM C W. Exploring Fan Behavior: Developing a Scale to Measure Sport EFANgelism[J]. Journal of Sport Management, 2015, 29(6): 642–656.

[59]　DOSS S K, CARSTENS D S. Big Five Personality Traits and Brand Evangelism[J]. International Journal of Marketing Studies, 2014, 6(3): 13–22.

[60]　HUGHES D E, CALANTONE R, BALDUS B. Beyond Performance: The Reseller

Salesperson as Brand Evangelist[M]. The Sustainable Global Marketplace. Springer International Publishing, 2015.

[61] 蒋廉雄，冯睿，朱辉煌，等. 利用产品塑造品牌：品牌的产品意义及其理论发展 [J]. 管理世界，2012（05）：88-108，188.

[62] 黎小林，王海忠，黄丽婷. 区域品牌视阈下的企业品牌正宗性测度 [J]. 广东财经大学学报，2015，30（02）：56-62，104.

[63] 杨晨. 正宗之争为哪般 [J]. 清华管理评论，2017（05）：55-61.

[64] 徐伟，冯林燕，王新新. 品牌真实性研究述评与展望 [J]. 品牌研究，2016（05）：21-31.

[65] BRUHN M, SCHOENMULLER V, SCHAFER D, et al. Brand Authenticity: Towards a Deeper Understanding of Its Conceptualization and Measurement[J]. Advances in Consumer Research, 2012, 40: 567–576.

[66] COARY S P. Scale Construction and Effects of Brand Authenticity[D]. Los Angeles: University of Southern California, 2013.

[67] MORHART F, MALAR L, GUEVREMONT A, et al. Brand Authenticity: An Integrative Framework and Measurement Scale[J]. Journal of Consumer Psychology, 2015, 25(2): 200–218.

[68] BEVERLAND M. Brand Management and the Challenge of Authenticity[J]. Journal of Product & Brand Management, 2005, 14(7): 460–461.

[69] EGGERS F, O' DWYER M, KRAUS S, et al. The Impact of Brand Authenticity on Brand Trust and SME Growth: A CEO Perspective[J]. Journal of World Business, 2013, 48(3): 340–348.

[70] ILICIC J, WEBSTER C M. Investigating Consumer–brand Relational Authenticity[J]. Journal of Brand Management, 2014, 21(4): 342–363.

[71] 姚鹏. 集群品牌真实性与顾客忠诚关系实证研究：基于品牌信任的中介作用 [J]. 安徽农业科学，2015，43（21）：357-360.

[72] 黄海洋，何佳讯. 真实性偏好如何影响全球品牌中国元素产品的购买可能性？[J]. 北京工商大学学报（社会科学版），2016，31（05）：39-49.

[73] LI J, LI G, SUN X X. Environment and Green Brand Authenticity and Its Effects Towards Brand Purchase Intention: The Case of Green Building Material[J]. Journal

of Environmental Protection and Ecology, 2019, 20(4): 1842–1851.

[74] HOANG C P, KINNEY K A, CORSI R L, et al. Resistance of Green Building Materials to Fungal Growth[J]. International Biodeterioration & Biodegradation, 2010, 64(2): 104–113.

[75] 邵高峰, 周庆, 赵霄龙. 浅谈绿色建材及建材绿色度的评价 [J]. 商品混凝土, 2010（11）: 3–5.

[76] HSIEH T T, LAI K P, CHIANG C M, et al. Eco–Efficiency Model for Green Building Material in a Subtropical Climate[J]. Environmental Engineering Science, 2013, 30(9): 555–572.

[77] 白尚平. 国内外绿色建材发展综述 [J]. 科技情报开发与经济, 2007（35）: 156–158.

[78] 赵平, 同继锋, 马眷荣. 我国绿色建材产品的评价指标体系和评价方法 [J]. 建筑科学, 2007（04）: 19–23.

[79] 马眷荣, 同继锋, 赵平, 等. 绿色建材评价、认证技术的研究进展 [J]. 动感（生态城市与绿色建筑）, 2011（02）: 33–37.

[80] 宋小龙, 杨建新, 刘晶茹. 高炉渣资源化生产绿色建材的环境效益评估: 基于生命周期的视角 [J]. 中国人口·资源与环境, 2012, 22（04）: 51–55.

[81] 李艳, 陈宗耀. 浅谈绿色道路建材的评估体系 [J]. 生态经济（学术版）, 2009（01）: 302–303.

[82] 朱志远, 余奕帆, 曹良. 绿色防水材料及其评价 [J]. 中国建筑防水, 2015（18）: 4–9.

[83] 李静. 论我国绿色建材的发展趋势 [J]. 河南建材, 2016（01）: 37–39.

[84] YANG J L, OGUNKAH I C B. A Multi–Criteria Decision Support System for the Selection of Low–Cost Green Building Materials and Components[J]. Journal of Building Construction & Planning Research, 2013, 01(4): 89–130.

[85] 路晓亮, 王建廷. 我国绿色建材评价标识问题研究 [J]. 天津城建大学学报, 2016, 22（02）: 148–152, 158.

[86] 王文国. 对云南开展绿色建材评价的思考与对策 [J]. 建材发展导向, 2016, 14（16）: 62–65.

[87] 吴冰. 建立绿色墙体材料评价技术要求助力推进建材工业绿色发展 [C]// 中

国标准化协会. 第十四届中国标准化论坛论文集. 北京:《中国学术期刊（光盘版）》电子杂志社有限公司，2017：1073-1076.

[88] YOUNG W, HWANG K, MCDONALD S, et al. Sustainable Consumption: Green Consumer Behaviour When Purchasing Products[J]. Sustainable Development, 2010, 18(1): 21-30.

[89] 柴海华，王素芳，晋国亮，等. 绿色建材应用现状的调查研究 [J]. 建筑科学，2013，29（08）：53-56，82.

[90] 张雅丽. 缔造世界知名的建材品牌 [N]. 中国建材报，2017-08-17（001）.

[91] 李宝银，谢群. 浅谈我国绿色建材的现状与发展[J]. 广东建材，2009，25（12）：124-125.

[92] 王新捷. 建材技术和产品进入到建工领域应用的十个支撑条件探讨 [J]. 中国建材科技，2017，26（01）：143-145.

[93] 李新宁. 绿色建材的推广与消费心理 [J]. 中国建材科技，2004（01）：8-12.

[94] 杨玉龙. 消费也得绿色环保 [N]. 云南日报，2017-06-08（004）.

[95] 陈凯，彭茜. 绿色消费态度—行为差距分析及其干预 [J]. 科技管理研究，2014，34（20）：236-241.

[96] KANG S, HUR W M. Investigating the Antecedents of Green Brand Equity: A Sustainable Development Perspective[J]. Corporate Social Responsibility & Environmental Management, 2012, 19(5): 306-316.

[97] CHEN Y S, LIN C L, CHANG C H. The Influence of Greenwash on Green Word-of-mouth (Green WOM): The Mediation Effects of Green Perceived Quality and Green Satisfaction[J]. Quality & Quantity, 2014, 48(5): 2411-2425.

[98] VLACHOS P A, PANAGOPOULOS N G, RAPP A A. Feeling Good by Doing Good: Employee CSR-Induced Attributions, Job Satisfaction, and the Role of Charismatic Leadership[J]. Journal of Business Ethics, 2012, 118(3): 577-588.

[99] JANG Y J, KIM W G, HAEYOUNG L. Coffee Shop Consumers' Emotional Attachment and Loyalty to Green Stores: The Moderating Role of Green Consciousness[J]. International Journal of Hospitality Management, 2015, 44: 146-156.

[100] ALLEN M W, SPIALEK M L. Young Millennials, Environmental Orientation, Food Company Sustainability, and Green Word-of-mouth Recommendations[J]. Journal

of Food Products Marketing, 2017(4): 1–27.

[101]　WANG L, WONG P P W, ALAGAS E N, et al. Green Hotel Selection of Chinese Consumers: A Planned Behavior Perspective[J]. Journal of China Tourism Research, 2018(2): 1–21.

[102]　NICHOLLS S, KANG S. Green Initiatives in the Lodging Sector: Are Properties Putting Their Principles Into Practice? [J]. International Journal of Hospitality Management, 2012, 31(2): 609–611.

[103]　WHEELER M, SHARP A, NENYCZ–THIEL M. The Effect of "Green" Mmessages on Brand Purchase and Brand Rejection[J]. Australasian Marketing Journal, 2013, 21(2): 105–110.

[104]　YI–CHUN Y, XIN Z. Exploring the Relationship of Green Packaging Design with Consumers' Green Trust, and Green Brand Attachment[J]. Social Behavior and Personality. 2019(8): 1–10.

[105]　CHEN Y S, CHANG C–H. Towards Green Trust: the Influences of Green Perceived Quality, Green Perceived Risk, and Green Satisfaction[J]. Management Decision, 2013, 51(1–2): 63–82.

[106]　LOBO A,LIN J L, LECKIE C. The Role of Benefits and Transparency in Shaping Consumers' Green Perceived Value, Self–brand Connection and Brand Loyalty[J]. Journal of Retailing & Consumer Services, 2017, 35: 133–141.

[107]　LIN J L, LOBO A, LECKIE C. The Influence of Green Brand Innovativeness and Value Perception on Brand Loyalty: The Moderating Role of Green Knowledge[J]. Journal of Strategic Marketing, 2019, 27(1): 81–95.

[108]　CHEN A, PENG N. Green Hotel Knowledge and Tourists' Staying Behavior[J]. Annals of Tourism Research, 2012, 39(4): 2211–2216.

[109]　MISHAL A, DUBEY R, GUPTA O K, et al. Dynamics of Environmental Consciousness and Green Purchase Behaviour: An Empirical Study[J]. International Journal of Climate Change Strategies & Management, 2017, 9(5): 682–706.

[110]　BUTT M M, MUSHTAQ S, AFZAL A, et al. Integrating Behavioural and Branding Perspectives to Maximize Green Brand Equity: A Holistic Approach[J]. Business Strategy & the Environment, 2016, 26(4): 507–520.

[111] WAN L C, POON P. Tourist Views on Green Brands: the Role of Face Concern[J]. Annals of Tourism Research, 2014, 46(65): 173–175.

[112] PAPISTA E, CHRYSOCHOU P, KRYSTALLIS A, et al. Types of Value and Cost in Consumer–green Brands Relationship and Loyalty Behaviour[J]. Journal of Consumer Behaviour, 2018, 17(1): 101–113.

[113] 张启尧, 孙习祥, 才凌惠. 权力对消费者绿色品牌依恋影响研究: 绿色涉入度的调节作用 [J]. 兰州财经大学学报, 2017, 33（01）: 1–10.

[114] 孙习祥, 张启尧. 自我一致性对消费者—绿色品牌关系真实性的影响: 生态知识和感知效用的调节作用 [J]. 财经论丛, 2017（11）: 84–94.

[115] 张启尧, 孙习祥, 才凌惠. 自我、绿色消费情境与消费者—绿色品牌关系建立 [J]. 贵州财经大学学报, 2017（01）: 70–80.

[116] GUO R, ZHANG W, WANG T, et al. Timely or Considered? Brand Trust Repair Strategies and Mechanism After Greenwashing in China: From a Legitimacy Perspective[J]. Industrial Marketing Management, 2018(72): 127–137.

[117] CHEN Y S, HUNG S T, WANG T Y, et al. The Influence of Excessive Product Packaging on Green Brand Attachment: the Mediation Roles of Green Brand Attitude and Green Brand Image[J]. Sustainability, 2017, 9(4): 654–670.

[118] WU H C, AI C H, CHENG C C. Synthesizing the Effects of Green Experiential Quality, Green Equity, Green Image and Green Experiential Satisfaction on Green Switching Intention[J]. International Journal of Contemporary Hospitality Management, 2016, 28(9): 2080–2107.

[119] ZHANG L, LI D, CAO C, et al. The Influence of Greenwashing Perception on Green Purchasing Intentions: The Mediating Role of Green Word–of–Mouth and Moderating Role of Green Concern[J]. Journal of Cleaner Production, 2018, 187: 740–750.

[120] HARYANTO B, BUDIMAN S. The Green Brand Marketing Strategies that Utilize Word of Mouth: Survey on Green Electronic Products in Indonesia[J]. Global Business and Finance Review, 2016, 21(2): 20–33.

[121] 王娜, 冉茂刚, 周飞. 品牌真实性对绿色购买行为的影响机制研究 [J]. 华侨大学学报（哲学社会科学版）, 2017（03）: 99–111, 131.

[122] WU H C, CHANG Y Y. What Drives Advocacy Intentions? A Case Study of Mainland Chinese Tourists to Taiwan[J]. Journal of Hospitality and Tourism Management, 2017, 33: 103–112.

[123] WANG J, WANG S, XUE H, et al. Green Image and Consumers' Word-of-mouth Intention in the Green Hotel Industry: The Moderating Effect of Millennials[J]. Journal of Cleaner Production, 2018, 181(20): 426–436.

[124] WU H C, CHENG C C. What Drives Green Persistence Intentions? [J]. Asia Pacific Journal of Marketing and Logistics, 2019, 31(1): 157–183.

[125] 涂阳军，杨智，邢雪娜. 可持续消费品购买中内外隐态度对购买意向的影响 [J]. 华东经济管理，2013，27（07）：132–138.

[126] 王万竹，金晔，姚山季. 可持续消费态度行为差异：基于调节聚焦视角的研究 [J]. 生态经济，2012（09）：55–60.

[127] 邓新明. 消费者为何喜欢"说一套，做一套"：消费者伦理购买"意向–行为"差距的影响因素 [J]. 心理学报，2014，46（07）：1014–1031.

[128] 陈凯,彭茜.参照群体对绿色消费态度—行为差距的影响分析[J].中国人口资源与环境，2014，24（S2）：458–461.

[129] SAMARASINGHE G D , SAMARASINGHE D S R. Green Decisions: Consumers' Environmental Beliefs and Green Purchasing Behaviour in Sri Lankan context[J]. International Journal of Innovation and Sustainable Development, 2013, 7(2): 172–184.

[130] 王财玉. 绿色消费态度—行为分离的心理机制 [J]. 资源开发与市场，2017，33（10）：1227–1230.

[131] 王财玉，吴波. 时间参照对绿色消费的影响：环保意识和产品环境怀疑的调节作用 [J]. 心理科学，2018，41（03）：621–626.

[132] 王晓红，胡士磊，张雪燕. 消费者缘何言行不一：绿色消费态度—行为缺口研究述评与展望 [J]. 经济与管理评论，2018，34（05）：52–62.

[133] 吴波,李东进.伦理消费研究述评与展望[J].外国经济与管理,2014,36(03)：20–28，47.

[134] CARUANA R, CARRINGTON M J, CHATZIDAKIS A. "Beyond the Attitude-Behaviour Gap: Novel Perspectives in Consumer Ethics": Introduction to the Themat-

ic Symposium[J]. Journal of Business Ethics, 2016, 136(2): 215–218.

[135] LIOBIKIENE G, BERNATONIENE J. Why Determineants of Green Purchase Cannot be Treated Equally? The Case of Green Cosmetics: Literature Review[J]. Journal of Cleaner Production, 2017, 162: 109–120.

[136] KUMAR P. Greening Retail: an Indian Experience[J]. International Journal of Retail Distribution Management, 2014, 42(7): 613–625.

[137] ACHABOU M A , DEKHILI S . Luxury and Sustainable Development: Is There a Match? [J]. Journal of Business Research, 2013, 66(10): 1896–1903.

[138] EWING D R, ALLEN C T, EWING R L. Authenticity as Meaning Validation: An Empirical Investigation of Iconic and Indexical Cues in a Context of "Green" Products[J]. Journal of Consumer Behaviour, 2012, 11(5): 381–390.

[139] ALMOSSAWI M. Promoting Green Purchase Behavior to the Youth (Case of Bahrain) [J]. British Journal of Marketing Studies, 2014, 2(5): 1–16.

[140] BERNARD Y, BERTRANDIAS L, ELGAAIED–GAMBIER L. Shoppers' Grocery Choices in the Presence of Generalized Eco–labelling[J]. International Journal of Retail Distribution Management, 2015, 43(4/5): 448–468.

[141] LIOBIKIENE G, MANDARVICKAITE J, BERNATONIENE J. Theory of Planned Behavior Approach to Understand the Green Purchasing Behavior in the EU: A Cross Cultural Study[J]. Ecology Economy, 2016, 125: 38–46.

[142] LIOBIKIENE G, JUKNYS R. The Role of Values, Environmental Risk Perception, Awareness of Consequences, and Willingness to Assume Responsibility for Environmentally–friendly Behaviour: The Lithuanian Case[J]. Journal of Cleaner Production, 2016, 112: 3413–3422.

[143] ELLIOTT R. The Taste for Green: the Possibilities and Dynamics of Status Differentiation Through "Green" Consumption[J]. Poetics, 2013, 41(3): 294–322.

[144] SCARPI D. Does Size Matter? An Examination of Small and Large Web–based Brand Communities[J]. Journal of Interactive Marketing, 2010, 24(1): 14–21.

[145] RIIVITS–ARKONSUO L, KALJUND K, LEPPIMAN A. Consumer Journey From First Experience to Brand Evangelism[J]. Research in Economics & Business: Central & Eastern Europe, 2014, 6(1): 5–28.

[146] RASHID M H A, AHMAD F S. The Role of Recovery Satisfaction on the Relationship Between Service Recovery and Brand Evangelism: A Conceptual Framework[J]. International Journal of innovation, Management and Technology, 2014, 5(5): 401–405.

[147] FRANCOIS M, MANON A, DAMIEN B. The Impact of Brand Evangelism on Oppositional Referrals Towards a Rival Brand[J]. Journal of Product & Brand Management, 2016, 25(6): 538–549.

[148] YOON K. The Era of SNS, What Makes the Brand Evangelist? The Effect of Authenticity Types and Message Sources on the Level of Participation in the SIPS Model[J]. The Korean Journal of Advertising, 2017, 28(1): 73–92.

[149] ROMANIUK J, SHARP B. Brand Salience and Customer Defection in Subscription Markets[J]. Journal of Marketing Management, 2003, 19(1–2): 25–44.

[150] SWIMBERGHE K R, ASTAKHOVA M, WOOLDRIDGE B R. A New Dualistic Approach to Brand Passion: Harmonious and Obsessive[J]. Journal of Business Research, 2014, 67(12): 2657–2665.

[151] RIORINI S V, WIDAYAT C C. Brand Relationship and Its Effect Towards Brand Evangelism to Banking Service[J]. International Research Journal of business studies,2015,8,(1): 33–45.

[152] SHAARIA H, SHAFINAZ I. Brand Evangelism Among Online Brand Community Members[J]. International Review of Management & Business Research,2016,5, 80–88.

[153] 范晓明，王晓玉. 品牌网络发言人互动特征对消费者品牌共鸣的影响 [J]. 当代财经，2017(04)：79–88.

[154] KELLER K L. Brand Equity Management in a Multichannel, Multimedia Retail Environment[J]. Journal of Interactive Marketing, 2010, 24(2): 58–70.

[155] BERGKVIST L, BECH–LARSEN T. Two Studies of Consequences and Actionable Antecedents of Brand Love[J]. Journal of Brand Management, 2010, 17(7): 504–518.

[156] COX D F. The Sorting Rule Model of the Consumer Product Evaluation Process[D]. Boston: Harvard University, 1967.

[157] OBERMILLER C, SPANGENBERG E R. Development of a Scale to Measure Con-
sumer Skepticism Toward Advertising[J]. Journal of Consumer Psychology,1998,
7(2): 159–186.

[158] SKARMEAS D, LEONIDOU C N . When Consumers Doubt, Watch Out! The Role
of CSR Skepticism[J]. Journal of Business Research, 2013, 66(10): 1831–1838.

[159] PATEL J D, GADHAVI D D, SHUKLA Y S. Consumers' Responses to Cause Re-
lated Marketing: Moderating Influence of Cause Involvement and Skepticism on
Attitude and Purchase Intention[J]. International Review on Public and Nonprofit
Marketing, 2017, 14(1): 1–18.

[160] MOHR L A, EROLU D, ELLEN P S. The Development and Testing of a Measure
of Skepticism Toward Environmental Claims in Marketers' Communications[J].The
Journal of Consumer Affairs, 1998, 32(1): 30–55.

[161] SKARMEAS D, LEONIDOU C N, SARIDAKIS C. Examining the Role of CSR
Skepticism Using Fuzzy–set Qualitative Comparative Analysis[J]. Journal of Busi-
ness Research, 2014, 67(9): 1796–1805.

[162] ELVING W J. Scepticism and Corporate Social Responsibility Communications:
The Influence of Fit and Reputation[J]. Journal of Marketing. Communication,
2013, 19(4): 277–292.

[163] FOREH M R, GRIER S. When is Honesty the Best Policy? The Effect of Stat-
ed Company Intent on Consumer Skepticism[J]. Journal of Consumer Psychology,
2003, 13(3): 349–356.

[164] CHEN Y S, CHANG C H. Greenwash and Green Trust: The Mediation Effects of
Green Consumer Confusion and Green Perceived Risk[J]. Journal of Business Eth-
ics, 2013, 114(3): 489–500.

[165] BECKER–OLSEN K L, CUDMORE A B, HILL R P. The Impact of Perceived
Corporate Social Responsibility on Consumer Behavior[J]. Journal of Business Re-
search, 2006, 59(1): 46–53.

[166] GOH S K, BALAJI M S. Linking Green Skepticism to Green Purchase Behavior[J].
Journal of Cleaner Production, 2016, 131: 629–638.

[167] PETTY R E, CACIOPPO J T. Communication and Persuasion: Central and Periph-

eral Routes to Attitude Change[M]. New York: Springer-Verlag, 1986.

[168] 费小冬. 扎根理论研究方法论：要素、研究程序和评判标准 [J]. 公共行政评论，2008(03)：23-43.

[169] HA H Y, JANDA S. Predicting Consumer Intentions to Purchase Energy-Efficient Products[J]. Journal of Consumer Marketing, 2012, 29(7): 461-469.

[170] KANG J, LIU C, SANG - HOON K. Environmentally Sustainable Textile and Apparel Consumption: The Role of Consumer Knowledge, Perceived Consumer Effectiveness and Perceived Personal Relevance[J]. International Journal of Consumer Studies, 2013, 37(4): 442-452.

[171] ALBAYRAK T, AKSOY, CABER M. The Effect of Environmental Concern and Scepticism on Green Purchase Behaviour[J]. Marketing Intelligence & Planning, 2013, 31(1): 27-39.

[172] WANG Y F, WANG C J. Do Psychological Factors Affect Green Food and Beverage Behaviour? An Application of the Theory of Planned Behaviour[J]. British Food Journal, 2016, 118(9): 2171-2199.

[173] CHAN R Y K, LAU L B Y. Explaining Green Purchasing Behavior: A Cross-Cultural Study on American and Chinese Consumers[J]. Journal of International Consumer Marketing, 2001, 14(2/3): 9-40.

[174] MOSER A K. Thinking Green, Buying Green? Drivers of Pro-environmental Purchasing Behavior[J]. Journal of Consumer Marketing, 2015, 32(3): 167-175.

[175] GRAYSON K, MARTINEC R. Consumer Perceptions of Iconicity and Indexicality and Their Influence on Assessments of Authentic Market Offerings[J]. Journal of Consumer Research, 2004, 31(2): 296-312.

[176] CARSANAA L, JOLIBERT A. Influence of Iconic, Indexical Cues, and Brand Schematicity on Perceived Authenticity Dimensions of Private-label Brands[J]. Journal of Retailing and Consumer Services, 2018, 40: 213-220.

[177] DO P, REIS R. Factors Affecting Skepticism Toward Green Advertising[J]. Journal of Adverting, 2012, 41(4), 147-155.

[178] YIRIDOE E K, BONTI-ANKOMAH S, MARTIN R C. Comparison of Consumer Perceptions and Preference Toward Organic Versus Conventionally Produced

180

Foods: A Review and Update of the Literature[J]. Renewable Agriculture and Food Systems, 2005, 20(04): 193–205.

[179] LEONIDOU C N, SKARMEAS D. Gray Shades of Green: Causes and Consequences of Green Skepticism[J]. Journal of Business Ethics, 2017, 144(2): 401–415.

[180] CHAN R Y K, LAU L B Y. Antecedents of Green Purchases: A Survey in China[J]. Journal of Consumer Marketing, 2000, 17(4): 338–357.

[181] FRAJ E, MARTINEZ E. Ecological Consumer Behaviour: An Empirical Analysis[J]. International Journal of Consumer Studies, 2007, 31(1): 26–33.

[182] PAGIASLIS A, KRONTALIS A K. Green Consumption Behavior Antecedents: Environmental Concern, Knowledge, and Beliefs[J]. Psychology & Marketing, 2014, 31(5): 335–348.

[183] LIU Y, SEGEV S, VILLAR M E, et al. Comparing Two Mechanisms for Green Consumption: Cognitive–affect Behavior vs. Theory of Reasoned Action[J]. Journal of Consumer Marketing, 2017, 34(5): 442–454.

[184] BARDEN J, PETTY R E. The Mere Perception of Elaboration Creates Attitude Certainty: Exploring the Thoughtfulness Heuristic[J]. Journal of Personality & Social Psychology, 2008, 95(3): 489–509.

[185] MONTORO–RIOS F J, LUQUE–MARTINEZ T, RODRIGUEZ–MOLINA, et al. How Green Should You Be: Can Environmental Associations Enhance Brand Performance? [J]. Journal of advertising research, 2015, 48(4): 547–563.

[186] WOGNUM N, BREMMERS H J. Environmental Transparency of Food Supply Chains–Current Status and Challenges[J]. Advanced Concurrent Engineering, 2009: 645–652

[187] MINBASHRAZGAH M, MALEKI F, TORABI M. Green Chicken Purchase Behavior: the Moderating Role of Price Transparency[J]. Management of Environmental Quality, 2017, 28(6): 902–916.

[188] NGUYEN T, PHAN T, CAO T, et al. Green Purchase Behavior: Mitigating Barriers in Developing Countries[J]. Strategic Direction, 2017, 33(8): 4–6.

[189] FAN L X, TONG Y, NIU H P. Promoting Consumer Adoption of Water–efficient Washing Machines in China: Barriers and Countermeasures[J]. Journal of Cleaner

Production, 2019, 209, 1044–1051.

[190] REYNOLDS M, YUTHAS K. Moral Discourse and Corporate Social Responsibility Reporting[J]. Journal of Business Ethics, 2008, 78(1/2): 47–64.

[191] VACCARO A, ECHEVERRI D P. Corporate Transparency and Green Management[J]. Journal of Business Ethics, 2010, 95(3): 487–506.

[192] FENG F. "Green" Company or "Green" Consumers: A Kantian Retrospective[J]. International Journal of Social Economics, 2010, 37(10): 779–783.

[193] LAVORATA L. Influence of Retailers' Commitment to Sustainable Development on Store Image, Consumer Loyalty and Consumer Boycotts: Proposal for a Model Using the Theory of Planned Behavior[J]. Journal of Retailing and Consumer Services, 2014, 21(6): 1021–1027.

[194] HUNG C W, CHIOU W, LI Y T, et al. What Drives Green Brand Switching Behavior? [J]. Marketing Intelligence & Planning, 2018, 36(6): 694–708.

[195] ULUSOY E, BARRETTA P G. How Green are You, Really? Consumers' Skepticism Toward Brands with Green Claims[J]. Journal of Global Responsibility, 2016, 7(1): 72–83.

[196] WANG X, YUEN K F, WONG Y D, et al. It is Green, but is it Fair? Investigating Consumers' Fairness Perception of Green Service Offerings[J]. Journal of Cleaner Production, 2018, 181: 235–248.

[197] 王财玉. 消费者自我—品牌联结的内涵、形成机制及影响效应 [J]. 心理科学进展，2013，21（05）：922–933.

[198] TAN T M, SALO J, JUNTUNEN J, et al. A Comparative Study of Creation of Self-brand Connection Amongst Well-liked, New, and Unfavorable Brands[J]. Journal of Business Research, 2017, 92, 71–81.

[199] 王海忠，闫怡. 顾客参与新产品构思对消费者自我—品牌联结的正面溢出效应：心理模拟的中介作用 [J]. 南开管理评论，2018，21（01）：132–145.

[200] VAN DER WESTHUIZEN L M. Brand Loyalty: Exploring Self-brand Connection and Brand Experience[J]. Journal of Product & Brand Management, 2018, 27(2): 172–184.

[201] CACIOPPO J T, PETTY R E. The Need for Cognition[J]. Journal of Personality and Social Psychology, 1982, 42(1): 116–131.

[202] PETTY R E, BRINOL P, LOERSCH C, et al. The Need for Cognition[M]. New York: Guilford Press, 2009.

[203] CACIOPPO J T, PETTY R E, KAO C F. The Efficient Assessment of Need for Cognition[J]. Journal of Personality Assessment, 1984, 48(3): 306–307.

[204] 孙瑾，张红霞. 品牌名称暗示性对消费者决策选择的影响：认知需要和专业化水平的调节作用 [J]. 心理学报，2012，44（05）：698–710.

[205] 刘建新，李东进. 产品稀缺诉求影响消费者购买意愿的并列多重中介机制 [J]. 南开管理评论，2017，20（04）：4–15.

[206] LEE K. Gender Differences in Hong Kong Adolescent Consumers' Green Purchasing Behavior[J]. Journal of Consumer Marketing, 2009, 26(2): 87–96.

[207] PEARSON D, HENRYKS J. JONES H. Organic Food: What We Know (and do not Know) about Consumers[J].Renewable Agriculture and Food Systems, 2011, 26(2): 171–177.

[208] 陈伟军. 绿色品牌真实性感知对消费者品牌选择行为的影响研究 [D]. 武汉：武汉理工大学，2015.

[209] MCCARTHY B, LIU H B, CHEN T Z.Innovations in the Agro–food System: Adoption of Certified Organic Food and Green Food by Chinese Consumers[J]. British Food Journal, 2016, 118(6): 1334–1349.

[210] WAN M L, TOPPINEN A. Effects of Perceived Product Quality and Lifestyles of Health and Sustainability (LOHAS) on Consumer Price Preferences for Children's Furniture in China[J]. Journal of Forest Economics, 2016, 22: 52–67.

[211] MORRISON P S, BEER B. Consumption and Environmental Awareness: Demographics of the European Experience[M] Socioeconomic Environmental Policies and Evaluations in Regional Science, Springer Monograph series, Singapore, 2017.

[212] LI Y T, ZHONG C B. Factors Driving Consumption Behavior for Green Aquatic Products: Empirical Research from Ningbo, China[J]. British Food Journal, 2017, 119(7): 1442–1458.

[213] 张启尧. 消费者—绿色品牌依恋关系研究 [D]. 武汉：武汉理工大学，2017.

[214]   KOTLER P. Reinventing Marketing to Manage the Environmental Imperative[J]. Journal of Marketing. 2011, 75(4): 132–135.

[215]   ALBAYRAK T, CABER M, MOUTINHO L, et al. The Influence of Skepticism on Green Purchase Behavior[J]. International Journal of Business and Social Science, 2011, 2(13): 189–197.

[216]   SIMULA H, LEHTIMAKI T, SALO J. Managing Greenness in Technology Marketing[J]. Journal of Systems and Information Technology, 2009, 11(4): 331–346.

[217]   CHAN R Y K, LAU L B Y. The Effectiveness of Environmental Claims Among Chinese Consumers: Influences of Claim Type, Country Disposition and Ecocentric Orientation[J]. Journal of Marketing Management, 2004, 20(3–4): 273–319.

[218]   RASKA D, SHAW D. When is Going Green Good for Company Image? [J]. Management Research Review, 2012, 35(3/4): 326–347.

[219]   CHO Y N, BASKIN E. It's a Match When Green Meets Healthy in Sustainability Labeling[J]. Journal of Business Research, 2018, 86: 119–129.

[220]   HARMON–KIZER T R, KUMAR A, ORINAU D, et al. When Multiple Identities Compete: The Role of Centrality in Self–brand Connections[J]Journal of Consumer Behaviour, 2013, 12(6): 483–495.

[221]   BEVERLAND M B, ADAM L, VINK M W. Projecting Authenticity Through Advertising: Consumer Judgments of Advertisers' Claims[J]. Journal of Advertising, 2008, 37(1): 5–15.

[222]   魏相杰. 品牌真实性对品牌推崇的影响研究：品牌认同和环保自我担当的作用 [D]. 泉州：华侨大学，2017.

[223]   CHENG S Y Y, WHITE T B. CHAPLIN L N. The Effects of Self–brand Connections on Responses to Brand Failure: A New Look at the Consumer–brand Relationship[J]. Journal of Consumer Psychology, 2012, 22(2): 280–288.

[224]   KEMP E, CHILDERS C Y, WILLIAMS K H.Place Branding: Creating Self - brand Connections and Brand Advocacy[J]. Journal of Product & Brand Management, 2012, 21(7): 508–515.

[225]   YAO P, WANG X X. Research on the Relationship of the Weaker Enterprises Postmerger Brand Strategy and Consumers' Purchase Intention: Based on the Brand

Authenticity[J]. Journal of Contemporary Marketing Science, 2018, 1(1): 34–52.

[226] FERRARO R, KIRMANI A, MATHERLY T. Look at Me! Look at Me! Conspicuous Brand Usage, Self–brand Connection, and Dilution[J]. Journal of Marketing Research, 2013, 50(4): 477–488.

[227] KEMP E, JILLAPALLI R, BECERRA E. Healthcare Branding: Developing Emotionally Based Consumer Brand Relationships[J]. Journal of Services Marketing, 2014, 28(2): 126–137.

[228] FRITZ K, SCHOENMUELLER V, BRUHN M. Authenticity in Branding–exploring Antecedents and Consequences of Brand Authenticity[J]. European Journal of Marketing, 2017, 51(2): 324–348.

[229] BARBARO N, PICKETT S M, PARKHILL M R. Environmental Attitudes Mediate the Link Between Need for Cognition and Pro–environmental Goal Choice[J]. Personality and Individual Differences, 2015, 75: 220–223.

[230] ZHANG L, HANKS L. Consumer Skepticism Towards CSR Messages[J]. International Journal of Contemporary Hospitality Management, 2017, 29(8): 2070–2084.

[231] COLLINS N, GLABE H, MIZERSKI D, et al. Identifying Customer Evangelists[J]. Review of Marketing Research, 2015, 12: 175–206.

[232] 胡莉芳. 大学生生涯规划及其影响因素分析：基于 2009 年中国教育长期追踪调查（CEPS）数据 [J]. 中国人民大学教育学刊，2011（04）：5-25.

[233] SWIMBERGHE K, DARRAT A M, BEAL D B, et al. Examining a Psychological Sense of Brand Community in Elderly Consumers[J]. Journal of Business Research, 2018, 82: 171–178.

[234] PANDA T K, KUMAR A, JAKHAR S, et al. Social and Environmental Sustainability Model on Consumers' Altruism, Green Purchase Intention, Green Brand Loyalty and Evangelism[J]. Journal of Cleaner Production, 2019, 243: 118575.

[235] EGGERT A, HELM S. Exploring the Impact of Relationship Transparency on Business Relationships: A Cross–sectional Study Among Purchasing Managers in Germany[J]. Industrial. Marketing. Management, 2003, 32(2), 101–108.

[236] ESCALAS J E, BETTMAN J R. You are What They Eat: the Influence of Reference Groups on Consumers' Connections to Brands[J]. Journal of Consumer Psychology,

2003, 13(3): 339–348.

[237]　张辉，刘文德. 品牌心理所有权、顾客契合及自我—品牌联结的关系研究：以旅游品牌为例 [J]. 品牌研究，2016（06）：25–38.

[238]　BLESS H, MICHAELA W, BOHNER G, et al. Need for Cognition: Eine Skala Zur Erfassung von Engagement Und Freude Bei Denkaufgaben [Presentation and Validation of a German Version of the Need for Cognition Scale][J]. Zeitschrift für Sozialpsychologie, 1994, 25: 147–154.

[239]　CAI Z, XIE Y, AGUILAR F X. Eco–label Credibility and Retailer Effects on Green Product Purchasing Intentions[J]. Forest Policy and Economics, 2017, 80: 200–208.

[240]　THOMPSON B. Ten Commandments of Structual Equation Modeling[M]// Grimm L G, Yarnold P R. Reading and Understanding More Multivariate Statistics. Washington DC: APA, 2000.

[241]　BARON R M, KENNY D A. The Moderator–mediator Variable Distinction in Social Psychological Research: Conceptual, Strategic, and Statistical Consideration[J]. Journal of Personality and Social Psychology, 1986, 51: 1173–1182.

[242]　HAYES A. Introduction to Mediation, Moderation, and Conditional PROCESS Aanalysis[J]. Journal of Educational Measurement, 2013, 51(3): 335–337.

[243]　岑成德，权净. 服务属性对顾客满意感影响程度研究：人工神经网络方法 [J]. 南开管理评论，2005（02）：16–22.

[244]　张鹏，王兴元. 基于 BP 神经网络的品牌延伸决策模型 [J]. 软科学，2012，26（03）：124–128.

[245]　赵丽娜，韩冬梅. 基于 BP 神经网络的在线评论效用影响因素研究 [J]. 情报科学，2015，33（06）：138–142.

[246]　邓青，马晔风，刘艺，等. 基于 BP 神经网络的微博转发量的预测 [J]. 清华大学学报（自然科学版），2015，55（12）：1342–1347.

[247]　李维胜，莫静玲. 房地产精准营销沙漏模型研究：基于人工神经网络 [J]. 技术经济与管理研究，2018（09）：31–35.

[248]　陶宇红，李自琼，井绍平. 消费者品牌偏好变化分析的人工神经网络模型设计：基于绿色营销视角 [J]. 江苏商论，2011（02）：13–16.

附　录

附录 A　　绿色建材品牌推崇焦点小组
访谈提纲

首先，非常感谢您能抽空参与讨论。人们在进行家居装修时都绕不开"绿色建材品牌"，地板是常见的地面装饰材料，本次讨论的对象是绿色地板品牌。绿色地板品牌是指在生产运营对消费者、环境和社会友好，甲醛释放量低，无刺鼻气味，安全可靠，健康耐用等环保性能方面表现得更为优异的地板品牌。例如，圣象地板坚持"绿色，从源头做起"，在行业内率先建立起了由速生林、基材、工厂、研发、设计、营销、服务七大环节组成的完整绿色产业链，从选材生产到安装服务全程保证家居的绿色品质；又如，大自然地板以"绿色新长征"之名，发布涵盖绿色产品制造、绿色技术研究和绿色公益行动的三维绿色战略，不仅实践了企业发展战略，更树立了"有担当""受尊敬"的中国地板品牌形象。

我们还会发现许多与绿色地板品牌相关的有趣现象。

在购置建材时，我们会倾听亲朋好友、设计人员、装修人员、销售人员等的建议，然后再选择或购买自己认可或接受的绿色地板品牌产品。

越来越多的人在地板装修完毕后，喜欢在微信或是微博上上传两张照片，或是"晒晒评价"；也有人会转发链接，和大家分享或是谴责自己最近购买的某个绿色地板品牌产品。

在生活中，越来越多的人在闲暇时愿意和亲朋好友聊一聊自己装修时选择的绿色地板品牌的优点或是不足。

当听说自己的亲朋好友要购置地板时，越来越多的人愿意劝说他去光顾或千万别去光顾自己曾经消费过的某个地板品牌商店或是某个卖场。

当自己的某个好友面对琳琅满目的绿色地板品牌而不知如何决策时，越来越多的人愿意根据自己对这个品牌的了解帮他进行分析和挑选。

许多人喜欢到绿色地板品牌的天猫旗舰店、京东专卖店等网上购物平台进行在线评论，对购买过的产品进行晒图评价，与平台中的其他成员互动交流，分享地板的质量、店家的服务和使用经历等。

许多人喜欢到与建材装修相关的在线论坛或者社区，如土巴兔装修网、知乎、百度问答、一起装修网等发布帖子，与论坛或者社区中的其他成员互动交流，分享地板的挑选知识和消费经历。

也有的人会关注绿色地板品牌在社交媒体（微博、微信等）上创建的公众账号或小程序，留意绿色地板品牌发布的最新动态信息，参与制作团队发起的活动，与制作团队进行互动。

············

从本质上来说，上述围绕绿色地板品牌的购买、选择、分享、口碑宣传、劝说购买或谴责等行为正是本次讨论的主题——绿色建材品牌推崇行为。请您回忆自身或者周围曾经发生过的绿色地板品牌推崇行为，并思考为什么会发生这些绿色地板品牌推崇行为。

接下来，请您与小组中的其他成员就"绿色地板品牌推崇行为及其背后的成因"主题进行讨论，讨论时间为45分钟。讨论过程中的观点没有对错之分，您的任何想法或观点对我们的研究都具有非常大的帮助，所以不要有所顾虑，请您畅所欲言。在讨论过程中我们会进行录音，但录音文件仅仅是为了后续辅助资料整理使用，绝对不会用于任何商业用途，也绝对不会上传到任何公开网络平台，请您放心，研究完成之后我们就会彻底删除录音文件。

再次感谢您对本次讨论的支持和帮助！

附录 B   绿色建材品牌推崇深度访谈提纲

1. 您知道绿色建材吗？请谈谈您对绿色建材的看法和理解。

2. 您能列出几个您认为的绿色建材品牌吗？

3. 您装修时购买和使用了哪些绿色建材品牌的产品？为什么会选择这几个绿色建材品牌？

4. 请您回忆一下购买和使用该绿色建材品牌产品过程中的一些感受，是哪些因素让您接受并购买的呢？

5. 您觉得绿色建材品牌对您的生活有影响吗？绿色建材品牌对您意味着什么呢？

6. 您愿意把您选择的绿色建材品牌推荐给他人吗？如果您愿意推荐，打算如何推荐呢？

7. 如果您的家人、朋友需要选择绿色建材品牌，您愿意推荐他选择您购买过的绿色建材品牌吗？

8. 您觉得您推荐的绿色建材品牌能帮助到他人吗？会增加他人的购买意愿吗？

9. 如果他人针对您购买或使用过的绿色建材品牌说了一些批评的话，您会相信吗？您会怎么做？

10. 您是如何看待绿色建材竞争品牌（非您购买或使用过的绿色建材品牌）的？

11. 您会购买绿色建材竞争品牌吗？为什么？

12. 您会批评绿色建材竞争品牌吗？

附录 C　　绿色建材品牌推崇预调研问卷

尊敬的先生 / 女士：

您好！我们正在进行一项关于绿色建材品牌推崇的研究。本问卷主要用于学术研究，您的认真作答对本研究非常重要，答案没有对错之分，请您按照自己的真实想法填写。

提示：绿色建材品牌是指在生产运营对消费者、环境和社会友好，甲醛释放量低，无刺鼻气味，安全可靠，健康耐用等环保性能方面表现得更为优异的建材品牌。绿色建材品牌推崇是指消费者（您）高度信任和认同绿色建材品牌，不仅自己购买绿色建材品牌，而且积极推荐他人购买绿色建材品牌，甚至可能批评其他竞争品牌。

一、以下为参考 2018 年《国家绿色建材品牌计划》列出的一系列绿色地板品牌，请选择一个您认为最真实可信的绿色建材品牌作为参照品牌，在选项前面的○内打"√"（单选），并以所选品牌为依据完成接下来的调查题项。

○久盛　　　　　　　○德尔　　　　　　　○圣象

○世友　　　　　　　○大自然　　　　　　○天格

○北美枫情　　　　　○菲林格尔　　　　　○其他

二、下表是对绿色建材品牌推崇的描述，请您根据自己所选择的参照绿色品牌和对该绿色品牌的印象，勾选出与您想法相近的选项。

题号	题项	非常不同意	不同意	有点不同意	不确定	有点同意	同意	非常同意
GBBA1	该绿色建材品牌具有绿色建筑选用商品认证标签							
GBBA2	该绿色建材品牌贯彻绿色产业链战略							
GBBA3	该绿色建材品牌精选天然基材							
GBBA4	该绿色建材品牌采用环境友好的工艺							
GBBA5	该绿色建材品牌产品安全健康							

题号	题项	非常不同意	不同意	有点不同意	不确定	有点同意	同意	非常同意
GBBA6	该绿色建材品牌关注环境保护							
GBBA7	该绿色建材品牌具有环保专利							
GBBA8	该绿色建材品牌承担社会责任							
BBA1	该绿色建材品牌服务省心							
BBA2	该绿色建材品牌经久耐用							
BBA3	该绿色建材品牌设计能满足我家居生活的需求							
BBA4	该绿色建材品牌功能能满足我家居生活的需求							
BBA5	该绿色建材品牌诚实可靠							
BBA6	该绿色建材品牌表现让我满意							
BBA7	我比较信任该绿色建材品牌							
PI1	该绿色建材品牌品牌关注环保，我打算购买							
PI2	该绿色建材品牌舒适健康，我非常倾向于购买							
PI3	该绿色建材品牌安全节能，我乐意花精力购买							
PI4	我购买该绿色建材品牌是因为其品质风格							
WOM1	我强烈推荐该绿色建材品牌给他人因为它的环保形象							
WOM2	该绿色建材品牌具有环保功能，我会积极向他人推荐							
WOM3	我愿意鼓励他人购买该绿色建材品牌因为它是环保的							
WOM4	我会因为该绿色建材品牌的环保性能而称赞它							
OBR1	我觉得其他竞争品牌的建材购买体验比较差							
OBR2	我可能不会购买该绿色建材品牌以外的其他品牌							
OBR3	如果亲朋在选购建材，我会建议他们不购买其他竞争品牌的建材							
OBR4	当有人批评该绿色建材品牌时，我会维护该绿色建材品牌							
OBR5	我可能会传播其他竞争品牌建材的负面口碑							

三、您的基本情况。

1. 性别：

□男　　　　　　　　□女

2. 年龄：

□ 25 ～ 35 岁　　　　□ 36 ～ 45 岁

□ 46 ～ 55 岁　　　　　□ 55 岁以上

3. 受教育水平：

□专科及专科以下　　　□本科　　　　　　　□硕士及硕士以上

4. 地区：

□东部地区　　　　　　□中部地区　　　　　□西部地区

5. 年收入水平：

□ 5 万元以下　　　　　□ 5 万～ 10 万元　　□ 10 万元以上

附录 D 绿色建材品牌推崇正式调研问卷

尊敬的先生 / 女士：

您好！我们正在进行一项关于绿色建材品牌推崇的研究。本问卷主要用于学术研究，您的认真作答对本研究非常重要，答案没有对错之分，请您按照自己的真实想法填写。

提示：绿色建材品牌是指在生产运营对消费者、环境和社会友好，甲醛释放量低，无刺鼻气味，安全可靠，健康耐用等环保性能方面表现得更为优异的建材品牌。绿色建材品牌推崇是指消费者（您）高度信任和认同绿色建材品牌，不仅自己购买绿色建材品牌，而且积极推荐他人购买绿色建材品牌，甚至可能批评其他竞争品牌。

一、以下为参考 2018 年《国家绿色建材品牌计划》列出的一系列绿色地板品牌，请选择一个您认为最真实可信的绿色建材品牌作为参照品牌，在选项前面的○内打"√"（单选），并以所选品牌为依据完成接下来的调查题项。

○久盛　　　　　　○德尔　　　　　　○圣象

○世友　　　　　　○大自然　　　　　○天格

○北美枫情　　　　○菲林格尔　　　　○其他

二、下表是对绿色建材品牌推崇的描述，请您根据自己所选择的参照绿色品牌和对该绿色品牌的印象，勾选出与您想法相近的选项。

题号	题项	非常不同意	不同意	有点不同意	不确定	有点同意	同意	非常同意
GBBA1	该绿色建材品牌具有绿色建筑选用商品认证标签							
GBBA3	该绿色建材品牌精选天然基材							
GBBA4	该绿色建材品牌采用环境友好的工艺							
GBBA7	该绿色建材品牌具有环保专利							
GBBA8	该绿色建材品牌承担社会责任							

续表

题号	题项	非常不同意	不同意	有点不同意	不确定	有点同意	同意	非常同意
BBA2	该绿色建材品牌经久耐用							
BBA3	该绿色建材品牌设计能满足我家居生活的需求							
BBA4	该绿色建材品牌功能能满足我家居生活的需求							
BBA5	该绿色建材品牌诚实可靠							
BBA6	该绿色建材品牌表现让我满意							
BBA7	我比较信任该绿色建材品牌							
PI1	该绿色建材品牌品牌关注环保，我打算购买							
PI2	该绿色建材品牌舒适健康，我非常倾向于购买							
PI3	该绿色建材品牌安全节能，我乐意花精力购买							
PI4	我购买该绿色建材品牌是因为其品质风格							
WOM1	我强烈推荐该绿色建材品牌给他人因为它的环保形象							
WOM2	该绿色建材品牌具有环保功能，我会积极向他人推荐							
WOM3	我愿意鼓励他人购买该绿色建材品牌因为它是环保的							
WOM4	我会因为该绿色建材品牌的环保性能而称赞它							
OBR1	我觉得其他竞争品牌的建材购买体验比较差							
OBR2	我可能不会购买该绿色建材品牌以外的其他品牌							
OBR3	如果亲朋在选购建材，我会建议他们不购买其他竞争品牌的建材							
OBR4	当有人批评该绿色建材品牌时，我会维护该绿色建材品牌							
OBR5	我可能会传播其他竞争品牌建材的负面口碑							

三、您的基本情况。

1. 性别：

□男　　　　　　　　□女

2. 年龄：

□ 25～35 岁　　　　□ 36～45 岁

□ 46～55 岁　　　　□ 55 岁以上

3. 受教育水平:

□专科及专科以下　　　　□本科　　　　　　□硕士及硕士以上

4. 地区:

□东部地区　　　　　　　□中部地区　　　　　□西部地区

5. 年收入水平:

□ 5 万元以下　　　　　　□ 5 万～ 10 万元　　□ 10 万元以上

附录 E 绿色建材品牌真实性预调研问卷

尊敬的先生 / 女士：

您好！我们正在进行一项关于绿色建材品牌真实性的研究。本问卷主要用于学术研究，您的认真作答对本研究非常重要，答案没有对错之分，请您按照自己的真实想法填写。

提示：绿色建材品牌是指在生产运营对消费者、环境和社会友好，甲醛释放量低，无刺鼻气味，安全可靠，健康耐用等环保性能方面表现得更为优异的建材品牌。绿色建材的品牌真实性是指消费者（您）对绿色建材品牌在环保表现、安全健康、质量、性能、工艺、设计、服务等方面是否真实可信、诚实可靠的一种主观判断与评价。

一、以下为参考 2018 年《国家绿色建材品牌计划》列出的一系列绿色地板品牌，请选择一个您认为最真实可信的绿色建材品牌作为参照品牌，在选项前面的〇内打"√"（单选），并以所选品牌为依据完成接下来的调查题项。

〇久盛 　　　　〇德尔 　　　　〇圣象

〇世友 　　　　〇大自然 　　　〇天格

〇北美枫情 　　〇菲林格尔 　　〇其他

二、下表是一系列对绿色建材品牌真实性的描述，请您根据自己所选择的参照绿色品牌和对该绿色品牌的印象，勾选出与您想法相近的选项。

题号	题项	非常不同意	不同意	有点不同意	不确定	有点同意	同意	非常同意
GA1	该绿色建材品牌具有国家建筑材料及装饰装修材料的环保标签							
GA2	该绿色建材品牌采购合法来源木材和环保基材							
GA3	该绿色建材品牌无醛安装							

题号	题项	非常不同意	不同意	有点不同意	不确定	有点同意	同意	非常同意
GA4	该绿色建材品牌无醛制造							
GA5	该绿色建材品牌产品是隔音阻燃的							
CA1	该绿色建材品牌都是原产地生产的，从不贴牌							
CA2	该绿色建材品牌不开裂、不变形							
CA3	该绿色建材品牌结实抗压、经久耐用							
CA4	该绿色建材品牌的色泽、质地和纹路很美观							
CA5	该绿色建材品牌具有防潮、调温、耐磨、耐刮擦和耐腐蚀等优异性能							
CA6	该绿色建材品牌的服务便捷							
BC1	该绿色建材品牌专注环保家居产品							
BC2	该绿色建材品牌的加工工艺精度优良							
BC3	该绿色建材品牌的风格、色彩和空间的设计一流							
BC4	该绿色建材品牌是建材技术要求和铺装规范的行业典范							
BC5	该绿色建材品牌认可可持续的绿色产业链文化							
BC6	该绿色建材品牌一直有积极有效的环保行为							
BC7	该绿色建材品牌一直有一定的社会公益投入							
BH1	该绿色建材品牌严格质量监控							
BH2	该绿色建材品牌的产品质量可信							
BH3	该绿色建材品牌的服务是真诚的							
BH4	该绿色建材品牌是家居行业的真诚标杆							
BH5	该绿色建材品牌与公司健康家居的承诺是相符的							
BH6	该绿色建材品牌健康、舒适和品位的承诺是可信的							
BS1	该绿色建材品牌体现了我的绿色家居理念							
BS2	使用该绿色建材品牌有助于赢得他人认同							
BS3	该绿色建材品牌反映了我健康的家居生活方式							
BS4	该绿色建材品牌为我的居家生活增添了意义							

三、您的基本情况。

1. 性别:

□男   □女

2. 年龄:

□ 25～35 岁   □ 36～45 岁

□ 46～55 岁   □ 55 岁以上

3. 受教育水平:

□专科及专科以下   □本科   □硕士及硕士以上

4. 地区:

□东部地区   □中部地区   □西部地区

5. 年收入水平:

□ 5 万元以下   □ 5 万～10 万元   □ 10 万元以上

附录 F   绿色建材品牌真实性正式调研问卷

尊敬的先生 / 女士:

您好! 我们正在进行一项关于绿色建材品牌真实性的研究。本问卷主要用于学术研究, 您的认真作答对本研究非常重要, 答案没有对错之分, 请您按照自己的真实想法填写。

提示: 绿色建材品牌是指在生产运营对消费者、环境和社会友好, 甲醛释放量低, 无刺鼻气味, 安全可靠, 健康耐用等环保性能方面表现得更为优异的建材品牌。绿色建材的品牌真实性是指消费者 (您) 对绿色建材品牌在环保表现、安全健康、质量、性能、工艺、设计、服务等方面是否真实可信、诚实可靠的一种主观判断与评价。

一、以下为参考 2018 年《国家绿色建材品牌计划》列出的一系列绿色地板品牌, 请选择一个您认为最真实可信的绿色建材品牌作为参照品牌, 在选项前面的○内打 "√" (单选), 并以所选品牌为依据完成接下来的调查题项。

○久盛　　　　　○德尔　　　　　○圣象

○世友　　　　　○大自然　　　　○天格

○北美枫情　　　○菲林格　　　　○其他

二、下表是一系列对绿色建材品牌真实性的描述, 请您根据自己所选择的参照绿色品牌和对该绿色品牌的印象, 勾选出与您想法相近的选项。

题号	题项	非常不同意	不同意	有点不同意	不确定	有点同意	同意	非常同意
GA1	该绿色建材品牌具有国家建筑材料及装饰装修材料的环保标签							
GA2	该绿色建材品牌采购合法来源木材和环保基材							
GA4	该绿色建材品牌无醛制造							
GA5	该绿色建材品牌产品是隔音阻燃的							
CA1	该绿色建材品牌都是原产地生产的, 从不贴牌							

续表

题号	题项	非常不同意	不同意	有点不同意	不确定	有点同意	同意	非常同意
CA2	该绿色建材品牌不开裂、不变形							
CA3	该绿色建材品牌结实抗压、经久耐用							
CA5	该绿色建材品牌具有防潮、调温、耐磨、耐刮擦和耐腐蚀等优异性能							
BC2	该绿色建材品牌的加工工艺精度优良							
BC3	该绿色建材品牌的风格、色彩和空间的设计一流							
BC6	该绿色建材品牌一直有积极有效的环保行为							
BC7	该绿色建材品牌一直有一定的社会公益投入							
BH1	该绿色建材品牌严格质量监控							
BH2	该绿色建材品牌的产品质量可信							
BH3	该绿色建材品牌的服务是真诚的							
BH5	该绿色建材品牌与公司健康家居的承诺是相符的							
BH6	该绿色建材品牌健康、舒适和品位的承诺是可信的							
BS2	使用该绿色建材品牌有助于赢得他人认同							
BS3	该绿色建材品牌反映了我健康的家居生活方式							
BS4	该绿色建材品牌为我的居家生活增添了意义							

三、您的基本情况。

1. 性别：

□男　　　　　　　　□女

2. 年龄：

□ 25 ～ 35 岁　　　　□ 36 ～ 45 岁

□ 46 ～ 55 岁　　　　□ 55 岁以上

3. 受教育水平：

□专科及专科以下　　　□本科　　　　　　　□硕士及硕士以上

4. 地区：

□东部地区　　　　　□中部地区　　　　　□西部地区

5. 年收入水平：

□ 5 万元以下　　　　□ 5 万 ～ 10 万元　　□ 10 万元以上

附录 G　品牌真实性对绿色建材品牌推崇影响研究的预调研问卷

尊敬的先生 / 女士:

您好! 我们正在进行一项关于品牌真实性对绿色建材品牌推崇的影响研究。本问卷主要用于学术研究, 您的认真作答对本研究非常重要, 答案没有对错之分, 请您按照自己的真实想法填写。

提示: 绿色建材品牌是指在生产运营对消费者、环境和社会友好, 甲醛释放量低, 无刺鼻气味, 安全可靠, 健康耐用等环保性能方面表现得更为优异的建材品牌。绿色建材的品牌真实性是指消费者 (您) 对绿色建材品牌在环保表现、安全健康、质量、性能、工艺、设计、服务等方面是否真实可信、诚实可靠的一种主观判断与评价。绿色建材品牌推崇是指消费者 (您) 高度信任和认同绿色建材品牌, 不仅自己购买绿色建材品牌, 而且积极推荐他人购买绿色建材品牌, 甚至可能批评其他竞争品牌。

一、以下为参考 2018 年《国家绿色建材品牌计划》列出的一系列绿色地板品牌, 请选择一个您认为最真实可信的绿色建材品牌作为参照品牌, 在选项前面的○内打 "√" (单选), 并以所选品牌为依据完成接下来的调查题项。

○久盛　　　　　　○德尔　　　　　　○圣象

○世友　　　　　　○大自然　　　　　○天格

○北美枫情　　　　○菲林格尔　　　　○其他

二、下表是一系列对绿色建材品牌真实性的描述, 请您根据自己所选择的参照绿色品牌和对该绿色品牌的印象, 勾选出与您想法相近的选项。

题号	题项	非常不同意	不同意	有点不同意	不确定	有点同意	同意	非常同意
GA1	该绿色建材品牌具有国家建筑材料及装饰装修材料的环保标签							

续表

题号	题项	非常不同意	不同意	有点不同意	不确定	有点同意	同意	非常同意
GA2	该绿色建材品牌采购合法来源木材和环保基材							
GA4	该绿色建材品牌无醛制造							
GA5	该绿色建材品牌产品是隔音阻燃的							
CA1	该绿色建材品牌都是原产地生产的，从不贴牌							
CA2	该绿色建材品牌不开裂、不变形							
CA3	该绿色建材品牌结实抗压、经久耐用							
CA4	该绿色建材品牌具有防潮、调温、耐磨、耐刮擦和耐腐蚀等优异性能							
BC2	该绿色建材品牌的加工工艺精度优良							
BC3	该绿色建材品牌的风格、色彩和空间的设计一流							
BC6	该绿色建材品牌一直有积极有效的环保行为							
BC7	该绿色建材品牌一直有一定的社会公益投入							
BH1	该绿色建材品牌严格质量监控							
BH3	该绿色建材品牌的产品质量可信							
BH4	该绿色建材品牌的服务是真诚的							
BH5	该绿色建材品牌与公司健康家居的承诺是相符的							
BH6	该绿色建材品牌健康、舒适和品位的承诺是可信的							
BS2	使用该绿色建材品牌有助于赢得他人认同							
BS3	该绿色建材品牌反映了我健康的家居生活方式							
BS4	该绿色建材品牌为我的居家生活增添了意义							

三、下表是对绿色建材品牌推崇的描述，请您根据自己所选择的参照绿色品牌和对该绿色品牌的印象，勾选出与您想法相近的选项。

题号	题项	非常不同意	不同意	有点不同意	不确定	有点同意	同意	非常同意
GBBA1	该绿色建材品牌具有绿色建筑选用商品认证标签							
GBBA3	该绿色建材品牌精选天然基材							
GBBA4	该绿色建材品牌采用环境友好的工艺							
GBBA7	该绿色建材品牌具有环保专利							
GBBA8	该绿色建材品牌承担社会责任							
BBA2	该绿色建材品牌经久耐用							
BBA3	该绿色建材品牌设计能满足我家居生活的需求							

题号	题项	非常不同意	不同意	有点不同意	不确定	有点同意	同意	非常同意
BBA4	该绿色建材品牌功能能满足我家居生活的需求							
BBA5	该绿色建材品牌诚实可靠							
BBA6	该绿色建材品牌表现让我满意							
BBA7	我比较信任该绿色建材品牌							
PI2	该绿色建材品牌舒适健康，我非常倾向于购买							
PI3	该绿色建材品牌安全节能，我乐意花精力购买							
PI4	我购买该绿色建材品牌是因为其品质风格							
WOM2	该绿色建材品牌具有环保功能，我会积极向他人推荐							
WOM3	我愿意鼓励他人购买该绿色建材品牌因为它是环保的							
WOM4	我会因为该绿色建材品牌的环保性能而称赞它							
OBR1	我觉得其他竞争品牌的建材购买体验比较差							
OBR2	我可能不会购买该绿色建材品牌以外的其他品牌							
OBR3	如果亲朋在选购建材，我会建议他们不购买其他竞争品牌的建材							
OBR5	我可能会传播其他竞争品牌建材的负面口碑							

四、下表是对绿色透明化的描述，请您根据自己所选择的参照绿色品牌和对该绿色品牌的印象，勾选出与您想法相近的选项。

题号	题项	非常不同意	不同意	有点不同意	不确定	有点同意	同意	非常同意
GP1	该绿色建材品牌清楚地解释了如何控制生产过程中可能危害环境的排放物							
GP2	该绿色建材品牌清晰地披露了与生产过程相关的环境问题的相关信息							
GP3	该绿色建材品牌的产品认证、质量检测、环境监测、成分含量和参数性能指标等相关信息明确标注							
GP4	该绿色建材品牌以明确和完整的方式公布品牌的环境政策和环保实践							

五、下表是对绿色怀疑的描述，请您根据自己所选择的参照绿色品牌和对该绿色品牌的印象，勾选出与您想法相近的选项。

题号	题项	非常不同意	不同意	有点不同意	不确定	有点同意	同意	非常同意
GS1	大多数关于该绿色建材品牌产品或广告的环保主张都是真实的							
GS2	由于环保主张被夸大了，如果消除了这种绿色建材品牌广告中的主张，消费者会更满意							
GS3	该绿色建材品牌产品或广告中的大多数环保声明都旨在误导而不是告知消费者							
GS4	我不相信该绿色建材品牌产品或广告中的大多数环保主张							

六、下表是对自我—品牌联结的描述，请您根据自己所选择的参照绿色品牌和对该绿色品牌的印象，勾选出与您想法相近的选项。

题号	题项	非常不同意	不同意	有点不同意	不确定	有点同意	同意	非常同意
SBC1	该绿色建材品牌的形象与我自己追求的形象在很多方面是一致的							
SBC2	该绿色建材品牌表达了与我相似或我想成为的这类人的很多东西							
SBC3	该绿色建材品牌让我感到强烈的归属感							

七、下表是对认知需要的描述，请您根据自己所选择的参照绿色品牌和对该绿色品牌的印象，勾选出与您想法相近的选项。

题号	题项	非常不同意	不同意	有点不同意	不确定	有点同意	同意	非常同意
NFC1	我宁愿做一些不需要思考的事情，也不愿做一些肯定会挑战我思维能力的事情							
NFC2	我在长时间的苦思冥想中得不到满足							
NFC3	我不喜欢承担处理一个需要很多思考的问题的责任							

八、您的基本情况。

1. 婚姻状况：

□单身　　　　　　　　□非单身

2. 家庭小孩年龄：

□无小孩　　　　　□小于 3 岁　　　　□3～6 岁

□7～9 岁　　　　□10～12 岁　　　　□12 岁以上

3. 地区：

□东部地区　　　　　□中部地区　　　　　□西部地区

4. 年收入水平：

□5 万元以下

□5 万～10 万元（不含）

□10 万～15 万元（不含）

□15 万～20 万元（不含）

□20 万元及 20 万元以上

附录 H　品牌真实性对绿色建材品牌推崇影响研究的正式调研问卷

尊敬的先生／女士：

您好！我们正在进行一项关于品牌真实性对绿色建材品牌推崇的影响研究。本问卷主要用于学术研究，您的认真作答对本研究非常重要，答案没有对错之分，请您按照自己的真实想法填写。

提示：绿色建材品牌是指在生产运营对消费者、环境和社会友好，甲醛释放量低，无刺鼻气味，安全可靠，健康耐用等环保性能方面表现得更为优异的建材品牌。绿色建材的品牌真实性是指消费者（您）对绿色建材品牌在环保表现、安全健康、质量、性能、工艺、设计、服务等方面是否真实可信、诚实可靠的一种主观判断与评价。绿色建材品牌推崇是指消费者（您）高度信任和认同绿色建材品牌，不仅自己购买绿色建材品牌，而且积极推荐他人购买绿色建材品牌，甚至可能批评其他竞争品牌。

一、以下为参考 2018 年《国家绿色建材品牌计划》列出的一系列绿色地板品牌，请选择一个您认为最真实可信的绿色建材品牌作为参照品牌，在选项前面的○内打"√"（单选），并以所选品牌为依据完成接下来的调查题项。

○久盛　　　　　　○德尔　　　　　　○圣象

○世友　　　　　　○大自然　　　　　○天格

○北美枫情　　　　○菲林格尔　　　　○其他

二、下表是一系列对绿色建材品牌真实性的描述，请您根据自己所选择的参照绿色品牌和对该绿色品牌的印象，勾选出与您想法相近的选项。

题号	题项	非常不同意	不同意	有点不同意	不确定	有点同意	同意	非常同意
GA1	该绿色建材品牌具有国家建筑材料及装饰装修材料的环保标签							

续表

题号	题项	非常不同意	不同意	有点不同意	不确定	有点同意	同意	非常同意
GA2	该绿色建材品牌采购合法来源木材和环保基材							
GA4	该绿色建材品牌无醛制造							
GA5	该绿色建材品牌产品是隔音阻燃的							
CA1	该绿色建材品牌都是原产地生产的，从不贴牌							
CA2	该绿色建材品牌不开裂、不变形							
CA3	该绿色建材品牌结实抗压、经久耐用							
CA4	该绿色建材品牌具有防潮、调温、耐磨、耐刮擦和耐腐蚀等优异性能							
BC2	该绿色建材品牌的加工工艺精度优良							
BC3	该绿色建材品牌的风格、色彩和空间的设计一流							
BC6	该绿色建材品牌一直有积极有效的环保行为							
BC7	该绿色建材品牌一直有一定的社会公益投入							
BH1	该绿色建材品牌严格质量监控							
BH3	该绿色建材品牌的产品质量可信							
BH4	该绿色建材品牌的服务是真诚的							
BH5	该绿色建材品牌与公司健康家居的承诺是相符的							
BH6	该绿色建材品牌健康、舒适和品位的承诺是可信的							
BS2	使用该绿色建材品牌有助于赢得他人认同							
BS3	该绿色建材品牌反映了我健康的家居生活方式							
BS4	该绿色建材品牌为我的居家生活增添了意义							

三、下表是对绿色建材品牌推崇的描述，请您根据自己所选择的参照绿色品牌和对该绿色品牌的印象，勾选出与您想法相近的选项。

题号	题项	非常不同意	不同意	有点不同意	不确定	有点同意	同意	非常同意
GBBA1	该绿色建材品牌具有绿色建筑选用商品认证标签							
GBBA3	该绿色建材品牌精选天然基材							
GBBA4	该绿色建材品牌采用环境友好的工艺							
GBBA7	该绿色建材品牌具有环保专利							
GBBA8	该绿色建材品牌承担社会责任							
BBA2	该绿色建材品牌经久耐用							
BBA3	该绿色建材品牌设计能满足我家居生活的需求							
BBA4	该绿色建材品牌功能能满足我家居生活的需求							

续表

题号	题项	非常不同意	不同意	有点不同意	不确定	有点同意	同意	非常同意
BBA5	该绿色建材品牌诚实可靠							
BBA6	该绿色建材品牌表现让我满意							
BBA7	我比较信任该绿色建材品牌							
PI2	该绿色建材品牌舒适健康，我非常倾向于购买							
PI3	该绿色建材品牌安全节能，我乐意花精力购买							
PI4	我购买该绿色建材品牌是因为其品质风格							
WOM2	该绿色建材品牌具有环保功能，我会积极向他人推荐							
WOM3	我愿意鼓励他人购买该绿色建材品牌因为它是环保的							
WOM4	我会因为该绿色建材品牌的环保性能而称赞它							
OBR1	我觉得其他竞争品牌的建材购买体验比较差							
OBR2	我可能不会购买该绿色建材品牌以外的其他品牌							
OBR3	如果亲朋在选购建材，我会建议他们不购买其他竞争品牌的建材							
OBR5	我可能会传播其他竞争品牌建材的负面口碑							

四、下表是对绿色透明化的描述，请您根据自己所选择的参照绿色品牌和对该绿色品牌的印象，勾选出与您想法相近的选项。

题号	题项	非常不同意	不同意	有点不同意	不确定	有点同意	同意	非常同意
GP1	该绿色建材品牌清楚地解释了如何控制生产过程中可能危害环境的排放物							
GP2	该绿色建材品牌清晰地披露了与生产过程相关的环境问题的相关信息							
GP3	该绿色建材品牌的产品认证、质量检测、环境监测、成分含量和参数性能指标等相关信息明确标注							
GP4	该绿色建材品牌以明确和完整的方式公布品牌的环境政策和环保实践							

五、下表是对绿色怀疑的描述，请您根据自己所选择的参照绿色品牌和对该绿色品牌的印象，勾选出与您想法相近的选项。

题号	题项	非常不同意	不同意	有点不同意	不确定	有点同意	同意	非常同意
GS2	由于环保主张被夸大了，如果消除了这种绿色建材品牌广告中的主张，消费者会更满意							
GS3	该绿色建材品牌产品或广告中的大多数环保声明都旨在误导而不是告知消费者							
GS4	我不相信该绿色建材品牌产品或广告中的大多数环保主张							

六、下表是对自我—品牌联结的描述，请您根据自己所选择的参照绿色品牌和对该绿色品牌的印象，勾选出与您想法相近的选项。

题号	题项	非常不同意	不同意	有点不同意	不确定	有点同意	同意	非常同意
SBC1	该绿色建材品牌的形象与我自己追求的形象在很多方面是一致的							
SBC2	该绿色建材品牌表达了与我相似或我想成为的这类人的很多东西							
SBC3	该绿色建材品牌让我感到强烈的归属感							

七、下表是对认知需要的描述，请您根据自己所选择的参照绿色品牌和对该绿色品牌的印象，勾选出与您想法相近的选项。

题号	题项	非常不同意	不同意	有点不同意	不确定	有点同意	同意	非常同意
NFC1	我宁愿做一些不需要思考的事情，也不愿做一些肯定会挑战我思维能力的事情							
NFC2	我在长时间的苦思冥想中得不到满足							
NFC3	我不喜欢承担处理一个需要很多思考的问题的责任							

八、您的基本情况。

1. 婚姻状况：

☐单身　　　　☐非单身

2. 家庭小孩年龄：

☐无小孩　　　☐小于 3 岁　　　☐3～6 岁

☐7～9 岁　　　☐10～12 岁　　　☐12 岁以上

3. 地区：

☐东部地区　　☐中部地区　　　☐西部地区

4. 年收入水平：

☐5 万元以下

☐5 万～10 万元（不含）

☐10 万～15 万元（不含）

☐15 万～20 万元（不含）

☐20 万元及 20 万元以上